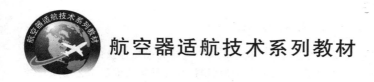
航空器适航技术系列教材

复合材料结构适航验证与审定

主　编　李龙彪

北京航空航天大学出版社

内 容 简 介

本书介绍了民用飞机与航空发动机复合材料结构适航验证与审定领域涉及的理论与方法。全书包括 6 章,分别介绍了适航与合格审定、复合材料的原材料、复合材料的成型工艺与质量控制、复合材料积木式验证方法及应用、复合材料结构疲劳与损伤容限适航符合性验证及高温陶瓷基复合材料。

本书可作为高等院校航空器适航等相关专业的教材或教学参考书,也可供飞机复合材料结构适航审定人员及其他工程技术人员和研究人员参考。

图书在版编目(CIP)数据

复合材料结构适航验证与审定 / 李龙彪主编. -- 北京 : 北京航空航天大学出版社,2019.7
ISBN 978 - 7 - 5124 - 3035 - 8

Ⅰ. ①复… Ⅱ. ①李… Ⅲ. ①航空材料－复合材料－适航性飞行试验 Ⅳ. ①V257

中国版本图书馆 CIP 数据核字(2019)第 123149 号

复合材料结构适航验证与审定
主　编　李龙彪
责任编辑　王　瑛　胡玉娟
*
北京航空航天大学出版社出版发行

北京市海淀区学院路 37 号(邮编 100191)　http://www.buaapress.com.cn
发行部电话:(010)82317024　传真:(010)82328026
读者信箱: goodtextbook@126.com　邮购电话:(010)82316936
涿州市新华印刷有限公司印装　各地书店经销
*
开本:710×1 000　1/16　印张:13　字数:277 千字
2019 年 9 月第 1 版　2019 年 9 月第 1 次印刷　印数:1 000 册
ISBN 978 - 7 - 5124 - 3035 - 8　定价:49.00 元

前　　言

　　复合材料(Composite Materials)是由两种或两种以上的具有不同性质的材料通过物理或化学方法,在宏观上组成的具有新性质的材料。复合材料的综合性能优于原组成材料,从而能满足各种不同的要求。复合材料的使用历史可追溯到古代,从古至今沿用的稻草或麦秸增强黏土和已使用上百年的钢筋混凝土均由两种材料复合而成。20世纪60年代中期,以碳纤维为增强体的复合材料问世,70年代初开始应用于飞机结构。与传统材料相比,复合材料具有比强度、比模量大,耐疲劳性能好,具有可设计性、材料与结构的同一性等特点,在飞机结构上的应用量不断提升,空客A350上复合材料的用量已经接近机体总质量的40%,波音787的机翼和机身上使用的复合材料超过了50%,空客A380仅机身壁板采用的碳纤维复合材料就高达30多吨。

　　民用航空对飞机飞行首先关心的问题是飞行安全。世界各国成立了航空局,对民用航空拟定了适航规章,并对民用飞机安全性要求进行了科学合理的等级划分。适航是指民用航空器(包括其部件和子系统的整体性能和操纵性能)在预期的服役使用环境中和使用限制下,飞行的安全性和物理完整性的一种品质。这种品质要求航空器应始终处于保持符合其型号设计标准和始终处于安全运行状态。美国联邦航空局(Federal Aviation Agency,FAA)从材料、工艺、结构静强度、损伤容限和疲劳评定等方面给出了树脂基复合材料结构的适航标准及其符合性方法。与树脂基复合材料(PMCs)相比,陶瓷基复合材料(CMCs)与其存在相似点,例如:各向异性、编织结构、高强度/高模量的纤维、制造工艺敏感性与多样性等;但也存在不同点,例如,使用环境温度高(>500 ℃),材料组分多样性(氧化基体、非氧化基体、碳化硅基体、氮化硅基体、碳基体等),制备工艺多样性(聚合物浸渍裂解工艺(PIP)、化学气相渗透工艺(CVI)、反应浸渗工艺(RI)、反应熔融渗透工艺(RMI)等),基体失效应变低,高温环境下性能衰退/损伤/失效机制复杂,高温环境结构连接难,无损检测与修理技术要求高等。针对陶瓷基复合材料(CMCs)的上述特点,为了保证其在飞机和航空发动机结构中使用的可靠性与安全性,FAA 将陶瓷基复合材料性能评估、损伤演化、强度与寿命预测工具的开发作为陶瓷基复合材料结构部件适航取证的关键。

　　本书介绍了民用飞机与航空发动机复合材料结构适航验证与审定领域涉及的理论与方法,全书包括 6 章,分别介绍了适航与合格审定、复合材料的原材料、复合材料的成型工艺与质量控制、复合材料积木式验证方法及应用、复合材料结构疲劳与损伤容限适航符合性验证及高温陶瓷基复合材料。

　　在本书的编写过程中,成震杰、周萌萌、徐冬蕾、郎玺博、潘姝越、费航、李栩进、丁圆圆、李梦蝶、孙丽、黄倩、王春江、代定强、赵志鹏、邢翔宇、缪奎宗、杨慧婷、董晓旭、桑益芹、文谦协助编者整理资料,在此向他们的辛勤付出表示诚挚的感谢。

　　本书可作为高等院校航空器适航等相关专业的教材或教学参考书,也可供飞机复合材料结构适航审定人员及其他工程技术人员和研究人员参考。由于作者水平有限,书中不妥之处在所难免,希望读者不吝批评指正。

李龙彪

2019 年 2 月

目　　录

第 1 章　适航与合格审定

1.1　适　航

　　安全是一个广泛扎根于人们头脑的概念。人们把"不存在危险"作为安全的基本定义。安全与所有的人类行为息息相关,所以每一个文明社会都应能保障个人或他人活动的安全。这不仅是道德责任,也是现实要求,因为对人员和财产造成伤害的事故,也将使社会付出代价。这也是为什么国家要通过法规来控制那些损害人员和财产的行为。

　　"适航是指在允许的限制条件下,航空器或航空器部件具备了安全状态下飞行所必需的条件"。在这个定义中,要特别注意三个关键要素:安全状态、具有必需的条件、允许的限制条件。

　　① 我们能够主观认为安全状态的含义与飞行的正常过程及良好结束相关。根据定义,安全就是摆脱可能引起死亡、受伤或疾病、设备或财产损失、环境破坏的那些条件。

　　② 具有必需的条件意味着航空器或其任何零件,都要依照被研究验证过的标准进行设计和制造,以期在上面提到的安全状态下飞行。规章的目的在于通过消除或减轻引起死亡、伤害和破坏的因素来提高安全性。这些规章须由国家政府授权的适航管理局制定。可以通过颁布的包含一系列设计要求的适航标准(在后面的章节将详细介绍)来形成规章:从结构强度到飞行要求(飞行品质和性能)、优秀设计原则、系统、疲劳和颤振的标准,必需的测试、飞行和维修手册内容,等等。对于不同类型的飞机,这些标准是不同的。显然,不可能用同一个标准来设计滑翔机、大型喷气机或直升机。这些标准的一个重要特性就是它们是与时俱进的。标准的发展一般不会超前于航空的发展,而是伴随其一起发展。一成不变的标准会阻碍航空的发展。因此,标准必须随着航空技术的发展而不断进步。此外,频繁的事故分析通常导致补充规范的产生。如果这些规范当初被用于设计,也许可以预防事故的发生,或至少会减少事故的危害。这个过程可以当作"反思",但把它作为"经验"则更合适。标准的更改,通常带有增加一些新的或不同内容的意图,会使满足规范的设计越来越昂贵,但这是提高飞行安全性所必须付出的代价。

　　③ 允许的限制条件。航空器按照一定的飞行包线设计。飞行包线主要取决于速度和结构载荷系数。另外,航空器最大重量可以根据不同的用途来确定。航空器的运行环境也要设定,比如白天的目视规则飞行、夜间飞行、仪表飞行、结冰和不结冰

条件下飞行等。超出了这些条件和限制会引起事故。超重起飞、按非机动飞行载荷系数设计的航空器作特技飞行、没有合适防冰措施而在结冰状态下的飞行、超速所引起的事故,都说明了在允许范围内飞行的重要性。飞行员可通过飞行手册、驾驶舱内的标牌和标记以及培训来了解这些限制。

1.1.1　适航性及其品质特征

1. 适航性的提出

民用航空对飞机飞行首先关心的问题是飞行安全。飞机从起飞、空中飞行到着陆的整个飞行过程是一种存在着潜在危险的运输过程。高空、高速飞行,有着三维飞行轨迹和恶劣的飞行外部环境条件(在巡航高度上),且燃料油箱(如中央翼盒油箱)放置于旅客身边,再加上反复无常的风、雨、雪、冰雹、闪电气象和随时可能发生的其他自然危害(如结冰、鸟撞等),以及人为因素等诸多因素都会给飞机飞行过程造成故障,甚至事故,危及乘员生命安全。面对这些潜在危险,旅客希望得到无故障的、舒适的、觉察不到危险的安全旅行。只有飞机处于高度可控的飞行安全运行状态下,公众才会有安全感,才会对空中飞行交通方式建立起信任感。为此,世界各国成立了航空局,拟定了民用航空适航规章,并对民用飞机(简称民机)安全性要求进行了科学合理的等级划分。追溯航空百年来的发展史,适航性与飞行安全始终是一个主题。

2. 适航性的品质特征

适航是适航性(airworthiness)一词的简称,指民用航空器"适于(在空中)飞行"品质属性的专用词。民用航空器的适航性指航空器(包括其部件和子系统的整体性能和操纵特性)在预期的服役使用环境中和使用限制下,飞行的安全性和物理完整性的品质。这种品质要求航空器应始终处于保持符合其型号设计标准和始终处于安全运行状态,以保持乘坐飞机出行和自驾飞机飞行的人们处于可接受的安全水平。这种品质可以通过适当的维修而持续地保持和改进(在给定的使用寿命期内)。总之,民用航空器适航性是以预期的服役运行环境(机场、气象、航路、空中交通)和使用限制(速度、高度、重量、平衡)为界定条件的,保持航空器服役运行最低可接受安全水平的一种固有品质。

如上所述,适航性的要点如下:

①适航性只局限于民用航空器;

②适航性的最终目标是飞行中的安全性;

③适航是以预期的运行环境和使用限制为界定条件的;

④适航是包括设计、制造、使用和维修的全过程要保证全寿命周期飞行安全的动态系统,必须包括型号合格审定和保持安全使用条件两个方面。也就是说,适航审定包括对飞机研制方的型号合格审定和对飞机持有者的适航审查两个方面。

对民用航空器适航性的满足、符合和保持,航空器的设计、制造和使用、维修各方均负有责任,但设计在各方中起着主导作用,并由代表公众利益的适航当局监督管理,确保航空器适航性的持续保持,以维护公众利益。

总之,适航要求源于公众利益需求,并要保证安全(可接受的最低的安全水平)。适航的发展伴随着航空工业的发展,并促进了航空技术的发展。

1.1.2 适航要求的安全水平

正如已经提到的,安全性是一种将伤害或破坏的风险限制在一个可接受水平的状态。当发生明显违反安全性的事件时,如事故或事故征候,或在某个实际安全性事件发生前,通过正式的安全性管理计划,可以在主动鉴别之后,使得那些导致风险的安全性危险变得更为明显。在识别了一个安全性危险后,必须评估相关的风险。基于对风险本质的正确理解,可以确定风险的可接受性。对那些被认为不可接受的风险,必须采取措施。

1. 危　险

传统的系统安全性管理和当今的安全性管理之间的区别在于,因为系统的工程技术基础原因,系统安全性大部分关注的是系统技术层面和部件的安全实现,而略微以付出人性因素为代价。另一方面,安全性管理建立在系统安全性的定理上(危险识别和安全风险管理),并且拓展了视野范围,将人为因素和人员效能作为在系统设计和使用期间的关键安全性因素。

危险和安全性风险的区别时常是引起困难和混淆的根源。为开发安全性管理相关的和有效的措施,有必要对什么是危险和什么是安全性风险有一个清醒的认识。清醒认识这两者之间的区别,对实施安全性管理也是极为重要的。

危险被定义为有可能引发人员伤害、设备或结构破坏、材料损失或使完成预定功能的能力降低的一种状态或事物。

危险并不一定对一个系统的组成部分造成破坏或负面影响。仅当提供服务所用系统的运行面临危险时,它们潜在的破坏可能性才可能成为安全性的关注点。

让我们举一个简单例子:风是一种危险。这是一种可能引发人员伤害、设备或结构破坏、材料损失或使完成预定功能的能力降低的一种状态。20 节的风,它自身并不一定存在航空运行期间的破坏可能。事实上,直接吹向跑道上的 20 节风,将有助于提高航空器起飞的性能。然而,当 20 节风沿跑道的 90°方向吹过起降的跑道时,它变成一个侧风。仅在此时,即系统的运行(航空器的起飞或降落)面临这个危险时,它的潜在破坏可能性才成为安全性的关注点。

危险的潜在破坏可能性通过一个或多个因果关联而成为现实。在上面的侧风例子中,危险的后果之一是侧风可能使航空器横向失去控制。进一步较严重的结果可能是横向偏离跑道。一个更严重的结果可能是损坏起落架。

危险可以被归为三个一般系列:自然危险、技术危险和经济危险。

自然危险是在其中有涉及提供服务的运行实施时所在的栖息地或环境的一种结果。

技术危险是能源(电、燃料、液压、气压等),或涉及提供服务的运行所需的安全关键功能(硬件失效、软件故障、警告等的可能性)的一种结果。

经济危险是在其中有涉及提供服务的运行发生的社会政治环境的一种结果。

危险可以在实际安全性事件(事故或事故征候)的事后被识别,或可以在它们促使安全性事件发生之前,通过危险识别的主动和预测的流程加以识别。存在多种已经识别的危险源。一些危险源来自组织的内部,而另一些则源自组织的外部。

可用于组织内部危险源辨识的实例,包括飞行数据分析、公司自愿报告系统、安全性调查、安全性审计、正常运行监测计划、趋势分析、训练反馈和事故征候调查和后续跟踪。

可用于组织外部危险源辨识的实例,包括事故报告、国家强制性事件报告系统、国家自愿报告系统、国家监督审计和信息交换系统。

2. 飞机破坏级别定义

定义飞机破坏级别(Failure Class)的目的是依据《中国民用航空规章》第 25 部《运输类飞机适航标准》(CCAR - 25 - R4)及相关咨询通告给予的指导,对飞机发生的错综复杂、多种多样的破坏进行科学、合理、可行的分类划级,为飞机(包括结构)设计和安全等级划分提供技术支持。

飞机是以机体结构为躯干,配置装载有各种所需的设备及系统,可以在各种可能预期的运行条件下完成预定功能的航空器。

飞机破坏是指在各种可能预期的运行条件下,因各种破坏条件(飞机性能和/或功能下降或任何妨碍飞机继续安全飞行或着陆的条件)发生的各种飞机损坏甚至损毁。不同的破坏条件将会造成飞机发生不同的级别破坏,据此,破坏条件成为飞机破坏类别划分的关键因素。

飞机破坏级别依据对应的破坏条件,通常划分为轻微、较大、严重和灾难性 4 个破坏级别。

从安全性考虑,对飞机破坏提出了适航要求,即飞机系统与有关部件的设计,在单独考虑以及与其他系统一同考虑的情况下,必须符合下列规定:

①发生任何妨碍飞机继续安全飞行与着陆的失效状态的概率为极不可能;

②发生任何降低飞机能力或机组处理不利运行条件能力的其他失效状态的概率为不可能。

上述两项要求,实际上以失效状态规定了飞机的破坏条件及其对应的破坏级别。美国联邦航空局(FAA)《咨询通告》AC 25.1309 - 1A 对飞机破坏条件及其对应的破坏级别给予了补充。表 1.1 为飞机破坏级别划分,阐明了各破坏级别对应的破坏条件和适航要求对破坏发生概率的规定。

表 1.1　飞机破坏级别划分

飞机破坏级别	破坏条件	破坏后果和可能发生的概率
轻微破坏	● 飞机性能或功能有所降低,改变飞行计划,启动应急程序	● 无乘员伤害,但对机组工作造成不便,主要涉及机队服务管理 ● 在飞机使用寿命期内仅可能会发生若干次
较大破坏	● 飞机性能或功能有明显降低。 ● 机组工作负荷增加、效率下降,处理不利操作能力下降	● 造成乘员轻度伤害。 ● 在飞机使用寿命期内较少发生,可能仅发生一次
严重破坏	● 任何降低飞机能力或机组处理不利运行条件能力的其他失效状态	● 可能会造成飞机损坏和乘员伤亡的后果。 ● 在飞机使用寿命期内失效状态发生的概率应为不可能
灾难性破坏	● 任何妨碍飞机继续安全飞行与着陆的失效状态	● 往往会造成飞机损毁和多名乘员伤亡的后果。 ● 在飞机使用寿命期内失效状态发生的概率应为极不可能

　　轻微或较大破坏——在飞机性能或功能有所降低或降低明显,机组人员工作负荷增加、效率下降,处理不利操作能力下降的条件下发生的飞机破坏,乘员无伤害或轻度伤害,在飞机使用寿命期内可能会较少出现,仅发生若干次或 1 次。

　　严重破坏——任何降低飞机能力或机组处理不利运行条件能力的其他失效状态下发生的飞机破坏,也会造成飞机损坏和乘员伤亡的后果,在飞机使用寿命期内,该失效状态发生的概率应为不可能。

　　灾难性破坏——任何妨碍飞机继续安全飞行与着陆的失效状态下发生的飞机破坏,往往会造成飞机损毁和多名乘员伤亡的后果,在飞机使用寿命期内,该失效状态发生的概率应为极不可能。

　　飞机破坏按破坏条件划分级别,充分体现了民用飞机以安全性为第一属性的特征,并且可以进行适航要求符合性证明。

　　飞机发生破坏,有原因(破坏条件)也有结果(破坏后果)。既然可按破坏条件作为定义飞机破坏级别的依据,那么为什么不可以采用破坏后果来定义飞机破坏级别呢? 提法看似有理,但事实上,这会将飞机破坏定义引入局限于讨论飞机损伤状态、乘员伤亡具体数据等飞行事故处理关心的善后课题上,也就是说,把飞机破坏定义引入了界限难以划清、争论不休的难以定夺的局面,而且对飞机设计而言,更是无法实施和验证的,如设计根本不能预先知道事故会伤亡几个人。因此,对飞机破坏进行定义时,必须跳出以破坏后果(飞机损毁状况、乘员伤亡人数)作为划分飞机破坏级别的误区。

---

3. 安全等级

安全等级按飞行事故造成的后果和最大可能出现的概率进行对应综合分析，一般划分为轻微事故、较大事故、严重事故和灾难性事故 4 个等级，如表 1.2 所列。作为一般规律，事故发生的概率与其危害程度成反比，可以推断严重事故发生的概率极小，这或许是可接受的。

对安全等级，若与飞机的使用联系在一起考虑则会对事故最大可能出现的概率及其后果有进一步的理解。譬如，一架飞机使用寿命为 15～20 年，每年在航线飞行 3 000 飞行小时，则每架飞机的使用寿命约为 50 000 飞行小时。如果有 200 架这种飞机，则机群总使用寿命达 10^7 飞行小时。据此，与表 1.2 安全等级对应，可知 200 架飞机机群在总使用寿命期内，仅发生若干次轻微事故，至多有一次较大事故；而严重事故和灾难性事故应是不可能事件。因此，旅客、机组人员和适航管理当局三方对飞机安全有足够的信心。目前，旅客乘坐飞机关心的是航班正点率高和行李不出错的愉快旅行，这正是对飞机适航安全的最高评价。

表 1.2　按影响进行的安全等级分类（摘自《欧洲联合航空要求》(JAR)）

安全等级	事故最大可能出现的概率	事故后果
轻微事故	● 无伤害的事故（10^{-2}～10^{-3} 次/飞行小时）。 ● 在飞机寿命期内可能发生若干次	● 使用限制：改变例行的飞行计划，自动应急程序（每飞行小时低于 10^{-5} 次）。 ● 对乘员造成不便，但无伤害（每飞行小时低于 10^{-5} 次）
较大事故	● 极少出现的事故（10^{-5}～10^{-7} 次/飞行小时）。 ● 即在飞机使用寿命期内发生 1 次	● 安全裕度明显降低。 ● 对机组人员造成困难（造成降低机组人员工作效率的不利条件）。 ● 乘客轻度伤害
严重事故	● 不可能出现的事故（10^{-7}～10^{-9} 次/飞行小时）。 ● 对于一个机群（如 100 架同一型号飞机）而言，20 年仅发生一次；即对每架飞机而言，2 000 年才可能发生 1 次	● 安全裕度较大降低。 ● 由于工作负荷和不利的环境条件而使机组人员疲于奔命（机组人员不可能完全或准确地完成他们的业务）。 ● 伤害严重。 ● 少数乘员死亡
灾难性事故	● 极不可能出现的事故（灾难性事故低于 10^{-9} 次/飞行小时）。 ● 对于飞机型号而言，是在使用寿命期内极不可能发生的事故	● 多人死亡。 ● 通常飞机完全损毁

当然，飞机严重事故和灾难性事故还是偶有发生。事故分析表明，事故原因是多

种多样的,有人为因素(例如,违章操作),也有不可抗拒的外界因素(例如,风切变、急风雷雨等),还有尚未认识的原因(例如,飞机结构 20 世纪 50 年代初出现的疲劳破坏事故,60 年代末出现的断裂破坏事故)。正是飞行事故推动了飞机设计技术的发展、适航研究工作的深入及航空规章的修改完善。

4. 适航要求的安全水平

安全是无止境的,不是绝对的概念。能使公众觉得乘坐飞机安全放心,并使飞机公司的成本效率较好,适航当局就认为是可接受的安全水平。

20 世纪 60 年代制定适航规章时,确定民用航空活动的安全水平应等同于人的自然意外死亡率,即百万飞行小时发生低于一次的灾难性破坏(俗称机毁人亡事故)。这是一个以公众的态度为主的,公众、乘客、飞机制造商、航空运营商都能接受的安全水平。

将百万飞行小时发生低于一次的灾难性破坏确定为适航规章要求的安全水平,表明乘坐飞机是比乘坐火车、汽车等交通工具出行更为安全的出行方式,是目前最安全的出行方式。

飞机的安全水平,对于固定航线经常出行的乘客(例如,从 A 地到 B 地,每周往返飞行 2 次)可接受的安全水平,希望以发生一次灾难性破坏对应的日历年表示,这可以说是另一种飞机安全水平理念。例如,按军用标准设计的飞机安全水平目前是 20 年发生一次灾难性破坏,这个标准对民用飞机当然是绝对不可接受的。若以 200 年发生一次航线飞行灾难性破坏,这意味着乘客祖孙三代将会有一人乘机遇难,这也是公众无法接受的。因此,将日历年再提高一个数量级,即 2 000 年发生一次灾难性破坏,公众、乘客自然可以接受。据此,有飞机 2 000 年发生一次灾难性破坏的安全水平相当于适航标准百万飞行小时发生低于一次灾难性破坏的安全水平的说法。

现代民用飞机实践(设计、制造、运营、维修)所表现的安全水平,已经可以达到百万飞行小时发生 0.2～0.3 次灾难性破坏,相当于 6 000～10 000 日历年发生一次灾难性破坏,高于适航标准要求的最低安全水平。

1.1.3　民用飞机与军用飞机适航要求差异

民用飞机与军用飞机的适航要求有着明显差异。民用飞机面向世界市场所有用户,靠竞争占领市场,由政府(各国适航当局)代表客户(航空公司)制定航空规章,以法规性强制要求作为飞机准入市场门槛,其符合性证明必须得到局方认可,以在保证安全的前提下,实现良好的经济性和舒适性。民用飞机复合材料结构主要采用 FAA AC 20 - 107《复合材料飞机结构》的适用部分内容。

军用飞机则不同于民用飞机,由军方提出飞机研制战术技术要求,飞机制造商按照军用飞机规定的飞机结构设计与验证准则和要求进行飞机研制。权衡性能与安全性要求,由军方确定适当的适航要求。美国国防部基于美国军用标准体系,同时融合了大量适用的民用飞机适航标准,于 2002 年 10 月颁布美国国防部军用手册

MIL‐HDBK‐516《军用航空器适航性审定准则》,适用于美国海陆空三军所有飞机。进而于 2004 年 2 月、2005 年 9 月和 2008 年 2 月分别进行三次修订,成为 MIL‐HDBK‐516B1,规定了美国军用飞机的适航要求。

　　为了深化理解,民用飞机与军用飞机研制的差异和民用运输机与军用运输机设计目标和约束条件对比分别如表 1.3 和表 1.4 所列,以供参考。

表 1.3　民用飞机与军用飞机研制的差异

序号	事项	民用飞机	军用飞机
1	项目提出	市场分析,竞争世界用户市场	军方提出,预订产品
2	研制目标	● 以型号产品成功占领市场为目标。 ● 要求安全性、舒适性、维修性及盈利能力	技术成功实现军方提出/规定的战术技术指标
3	研制相关人员	飞机制造商、航空公司及公众参与	国家、军方和飞机制造商
4	设计指标	● 市场需求。 ● 以安全性、经济性和竞争性为主	● 军方要求。 ● 以战术技术指标(作战性能)为主
5	安全要求	相当于百万飞行小时(或 2 000 年)出现一次严重事故(出现概率为 10^{-6} 次/飞行小时)	相当于 1 万飞行小时(或 20 年)出现一次严重事故(出现概率为 10^{-4} 次/飞行小时)
6	使用寿命	● 6 万~8 万飞行次数。 ● 20~30 日历年	战斗机为数千飞行次数,或数千飞行小时
7	维护维修	以型号合格证持证人的持续适航文件为主,要求良好的技术支持	以军方为主,按部队管理要求实施
8	合格审定	按照适用的适航要求,进行型号合格审定	按照军用飞机结构战术技术和规范的要求证实

表 1.4　民用运输机与军用运输机设计目标和约束条件对比

序号	事项	民用运输机	军用运输机
1	主要设计目标	安全性、经济性和竞争性	任务需求(人员、装备、物费送输能力)和生存力
2	性能	● 最大经济巡航速度。 ● 机翼气动设计	● 足够的航程和反应能力。 ● 能够完成全部任务需求
3	机场环境	● 中等跑道长度。 ● 铺筑面的跑道表面。 ● 高水平空中交通管理和着陆辅助设施。 ● 适当的地面机动和停机空间	● 短到中等跑道长度。 ● 所有类型跑道表面。 ● 非常严峻的空中交通管理等。 ● 有限的可用空间

序　号	事　项	民用运输机	军用运输机
4	系统组成和机械设计	● 维修次数少(经济性考虑)。 ● 低系统费用。 ● 安全性和可靠性。 ● 长使用寿命设计	● 维修次数少(战斗力保持问题)。 ● 可接受的系统费用。 ● 可靠性和生存力。 ● 损伤容限设计
5	政府法规和社会认同	● 民用航空规章。 ● 必须完成适航取证(FAA 等)。 ● 以安全性定向。 ● 必须遵循低噪声和排污要求(环保问题)	● 军用飞机结构强度规范。 ● 性能要求和安全性要求相融合。 ● 以可靠性定向。 ● 降低噪声(目的是让公众可接受,战时被发现概率也可降低)

　　民用飞机与军用飞机适航要求的显著差异主要有以下几点,但并不限于此。

　　(1)安全性。民用飞机适航标准要求的安全性水平通常要比军用飞机的安全性水平高约 100 倍(见表 1.3 中的安全要求)。国际上,民用航空实践(设计、制造、运营、维修)能达到的安全水平是 6 000 年发生一次机毁人亡的灾难性事故,比军用飞机安全水平高 300 倍,两者可谓天壤之别。

　　(2)经济性。民用飞机在激烈市场竞争中求生存,赢利是必须做到的。军用飞机则不然,军方已预订、包销,经济性要求并不突出。对军民通用的飞机型号产品,经济性仍是重要指标。

　　(3)使用寿命。民用飞机的高频次起降飞行循环和长使用寿命(20~30 日历年)使用要求,对材料必须考虑性能退化和重复载荷应力环境的影响。军用飞机则突出考虑损伤容限和生存力。

　　(4)噪声和排污环境(保护)问题。民用飞机必须遵循低噪声和低排污要求,达到国际上公认的、一致的水平。军用飞机降低噪声的目的是让公众可接受。

　　我国民用航空正处在大力发展进程之中。在民用航空,特别是大型民用运输机研发的历史性新起航时刻,大量军用飞机研发人员转入到民用飞机研发领域。必须注意的是,如果对民用飞机与军用飞机适航要求差异没有充分的认识和理解,必然会因在民用飞机设计研发中带有军用飞机设计研发的痕迹而贻误工作。

1.2　适航规章和型号合格审定

　　当 19 世纪 70 年代欧洲联合航空条例第一次颁布时,欧洲各个国家执行着几种不同的航空器审定标准。如果我们单纯考虑西方世界,我们引用的最知名的规章,是由 FAA 颁布的美国联邦航空条例(FAR)。除了美国之外,FAR 也被很多国家采用。例如,英国于 1972 年由民用航空管理局(CAA)取代了航空注册局(ARB),并采用英国民用航空条例(BCAR);在法国,民航管理局(DGAC)也有自己的规范;在德国,Luftfahrt Bundesamt 有自己的滑翔机规范。这种状况给航空器的出口带来了很多困难。最终,在 1992 年 1 月 1 日,欧洲联合航空条例(JAR)成为欧盟规范的一部分,在欧盟国家具有法律地位(所有相应规章被立即取代)。现在只有欧洲联合航空条例(JAR)(正如我们所见,JAR 已被 EASA 规章所取代)和美国联邦航空条例(FAR)(或其派生条例)被实际使用。

1.2.1　适航规章

民用飞机的适航性取决于适航当局适航审定机构对飞机设计、制造和使用、维修所颁布的航空规章(适航规章)的执行情况。适航审定机构依据所有适用的航空规章条款对所研发的飞机是否满足局方批准的型号设计要求进行证实,一旦交付投入使用,飞机必须进行适当的维修,以保持适航性,并处于安全运行状态。

适航规章是航空规章的另一个称谓,是一类特殊的技术性标准,是为保证实现飞机的适航性而制定的最低安全水平标准。国际民用航空实践(设计、制造、运营、维修)体现出的实际安全水平高于适航规章要求。与其他标准不同,适航规章是国家法规的一部分,具有强制法定效力。适航规章覆盖飞机设计、制造、使用、维修的整个过程,涉及航空活动相关的各个专业领域。适航规章的制定主要基于百年来积累的航空实践的经验和技术成果,并且综合航空技术的发展和对当前航空技术状态的认知,而不断持续地修订和完善。适航规章是人类航空安全活动的共同财富,没有知识产权限制(可以在各国适航当局网站查得),目的就是保证航空安全,保障和维护社会公众的利益。

美国联邦航空局将《美国联邦航空条例》(FAR)汇集到《美国联邦条例汇编》第14 卷(航空航天卷)(CFR14)中,通常这些要求分为四类:

① 第 23 部为《正常类、实用类、特技类和通勤类飞机适航规定》;

② 第 25 部为《运输类飞机适航标准》;

③ 第 27 部为《正常类旋翼航空器适航规定》;

④ 第 29 部为《运输类旋翼航空器适航规定》。

图 1.1 给出了 FAA 航空器适航规章的演化进程。

图 1.2 描述了 EASA 规章的组织结构。

所有 EASA 的适航法规都源自 JAR。审定规范(CS)改变了 JAR 的命名方式。

现在的适航法规如下:

① CS‐Definitions:定义,源于 JAR 1 部。

② CS‐22:滑翔机和动力滑翔机,来源于 JAR 22 部。

③ CS‐23:正常类、实用类、特技类、通勤类飞机,来源于 JAR 23 部。

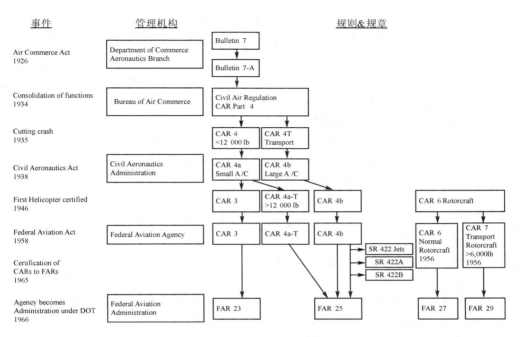

图 1.1 FAA 航空器适航规章历史发展背景

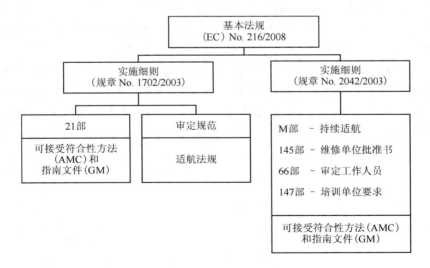

图 1.2 EASA 规章结构

④ CS-25：大型飞机,来源于 JAR 25 部。

⑤ CS-27：小型旋翼飞行器,来源于 JAR 27 部。

⑥ CS-29：大型旋翼飞行器,来源于 JAR 29 部。

⑦ CS-VLR：超轻型旋翼飞行器,来源于 JAR-VLR23。

⑧ CS-VLA：超轻型飞机，来源于 JAR-VLA。

⑨ CS-E：发动机，来源于 JAR-E。

⑩ CS-P：螺旋桨，来源于 JAR-P。

⑪ CS-34：航空发动机排放和燃油通风，来源于 JAR 34 部。

⑫ CS-36：航空器噪音，来源于 JAR 36 部。

⑬ CS-APU：辅助动力装置，来源于 JAR-APU。

⑭ CS-ETSO：欧洲技术标准指令，来源于 JAR-ETSO。

⑮ CS-AWO：全天候飞行，来源于 JAR-AWO。

⑯ AMC-20：产品、零件和设备的通用 AMC。

⑰ CS-31 HB：热气球（2009 年 2 月 27 日颁布）。

对于航空器零件的审定，可参考如下内容：

① 欧洲技术标准指令（ETSO）授权（21 部的 O 分部）。

② 写入航空器适航审定程序中的规范。

③ 与官方认可标准一致的标准件。

适航规章具有强制性、国际性、完整性以及公开性、动态性、实例性、基本性和实时性等特点。具体适航规章可以在各国适航当局网站查到。

"安全水平"这个概念是一件涉及到适航标准编制且受到严重关注的事情。管理当局或许会倾向于通过十分严格的标准来确保安全。这样做的直接后果，是使得飞机因为技术或仅因为经济上的原因而难以通过审定。这就是为何要在适航标准当中平衡适航标准的"可接受性"（从安全性的角度）和"可行性"。

一个法规的实施涉及经费开支。安全性的增加并不总是与法规的严格性成比例。经费开支与安全性提升之间存在着一个平衡点，超过该点而一味地追求安全性的提升，会使得经费开支急剧增大，如图 1.3 所示，所以突破该平衡点后所制订的规则将不具有"可行性"。

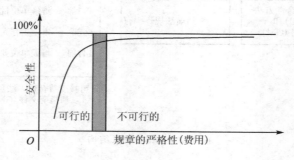

图 1.3 适航的规律

以下的建议可以作为制定适航规章的"黄金"规则：

① 经济上的合理性；

② 技术上的可行性；

③ 具体航空器类型的适用性。

各种各样的适航标准被制定出来用于不同类型的航空器(飞机、旋翼飞行器等)，也用于不同级别(重量、乘客数量等)的同类型飞机。对于尽可能将"相似"航空器进行分组方面的工作，已经开展了一些尝试。忽略区分自由气球和运输飞机的明显必要性，目前已经对航空器进行了分类。例如在 JAR/FAR 23 部中对正常类、实用类、特技类和通勤类飞机进行了分类，在 JAR/FAR 25 部对大型飞机/运输类飞机进行了分类。我们不必去推测因为运输类飞机应该比其他类型飞机更安全而使得它们的适航标准有所不同。在充分考虑到前面提及的标准的"可行性"前提下，对所有航空器都必须争取最大的安全性。作为一个基本概念，简单的航空器应当遵循简单的适航标准。

咨询通告(Advisory Circulars,AC)由适航当局按指定的航空规章条款主题范围发布，以提供对法规理解的指导和信息，或表明适航当局可接受的满足相关航空规章条款要求的方法(包括符合性证明方法)。当按航空规章进行符合性证明时，可以以适用的咨询通告为指导。

《航空推荐标准》(ARP)系列，数据输出(DO)系列规定适航审定实施过程应达到的要求。

对一个航空器型号，需要形成一套系统完整的、经局方批准的适航性审定准则、规范、符合性方法和豁免的适航审定文件(包括持续适航)。

1.2.2　型号合格审定

1. 型号合格审定定义

型号合格审定(Type Certification,TC)是指适航当局对民用航空产品(指航空器、发动机和螺旋桨)进行设计批准的过程(包括颁发型号合格证、型号设计批准书、型号合格证更改和其他形式的型号设计大改的批准)。(参见 AP - 21 - 03 型号合格审定程序)

型号合格审定基础是指由 TC 申请人提出，并经局方型号合格审定委员会(Type Certification Board,TCB)确定的、对某航空器进行型号合格审定所依据的标准。型号合格审定基础包括适用的适航规章(按照 CCAR - 21 - R3,21.17 确定)、环境保护要求及专用条件、等效安全结论和豁免。(参见 CCAR - 21 - R3,21.17,21.21)

① 专用条件(Special Condition)是由于提交进行型号合格审定的民用航空产品具有新颖或独特的设计特点、非常规的用途，但类似产品或设计特点使用经验表明其可能会产生不安全状态等原因，使得有关的适航规章没有包括适当的或足够的安全要求，因此由局方制定并颁发。专用条件应当具有局方认可的与适用的适航规章等效的安全水平。(参见 CCAR - 21 - R3,21.16)

② 等效安全结论(Equivalent Level of Safety Finding)指航空器型号设计和产品的任何未符合适航标准(规章)和专用条件及环境保护要求的部分，具有局方认可的

由补偿措施达到的相同安全水平。(参见 CCAR - 21 - R3,21.21)

设计符合性是指民用航空产品和零部件的设计符合规定的适航规章和要求。(参见 CCAR - 21 - R3,21.3)

制造符合性是指民用航空产品和零部件的制造、试验、安装等符合经批准的设计要求。(参见 CCAR - 21 - R3, 21.3)

2. 型号合格审定程序

航空器合格审定包括型号合格审定、生产许可审定和适航合格审定。(参见 CCAR - 21 - R3,21.2)

航空器型号合格审定程序主要包括申请、受理、审查、颁证和取证后管理五个阶段(参见《航空器型号合格审定程序》AP - 21 - AA - 2011 - 03 - R4)。型号合格审定主要程序见图 1.4。这里主要介绍审查、颁证和证后管理三个阶段的工作。

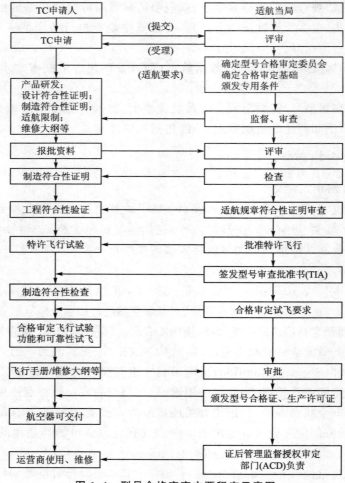

图 1.4　型号合格审定主要程序示意图

　　型号合格审查工作,按照 AP-21-AA-2011-03-R4 内容,根据具体项目的复杂程度,可以划分或设立(但不限于)性能和飞行试验、结构强度、电子电气、动力装置、机械系统、客舱安全、环境保护(噪声与排放)、人为因素、制造符合性检查、设计保证系统检查等专业。

3. 型号合格审定——适航规章符合性证明

　　航空器合格审定应进行的工程符合性验证审查,主要工作有三个方面。

　　(1) 设计符合性证明(Compliance)(地面试验验证)

　　对飞机机体结构,应用适航规章符合性证明评定结构的强度、刚度、疲劳/损伤容限、气动弹性等特性及其在服役使用条件下的安全性,包括按 CCAR-21-R3,25.1529 编制的持续适航文件维修内容的验证。

　　(2) 制造符合性证明(Conformity)

　　建立并能够包括一个质量控制系统(包括质量控制资料、组织机构和生产设施)。(参见 CCAR-21-R3,21.139 和 21.143)

　　(3) 飞行试验(审定试飞、功能和可靠性试飞)

　　飞行试验是 TC 申请人进行的局方规定的各项飞行试验。试验前申请人已向局方表明:

　　①符合适航规章中有关结构安全要求;

　　②完成了必要的地面检查和试验;

　　③航空器符合型号设计;

　　④申请人进行了必要的飞行试验,如经批准的特许试飞,并提交了试验报告。

　　飞行试验的目的是为了确定:

　　①是否符合适航规章;

　　②对于按适航规章进行合格审定的航空器,是否能合理地确保航空器及其零部件和设备是可靠的,且功能可靠。(参见 CCAR-21-R3,21.35)

　　飞行试验为飞行手册的编制和批准、为飞机的操纵性和维修性评估提供证明。

4. 合格证的颁发

　　局方向民用航空设计和制造方申请人颁发的合格证,有型号合格证和生产许可证。

　　型号合格证(Type Certification,TC)是适航当局对民用航空器设计批准的合格凭证。申请人可以取得航空器型号合格证的条件有:

　　①申请人提交的型号设计、试验报告和各种计算结果证明申请型号合格的民用航空产品符合适航规章和环境保护要求以及专用条件。

　　②局方在完成所有试验和检查等审定工作后,认为其型号设计和民用航空产品符合适航规定和专用条件及环境保护要求,或任何未符合这些要求的部分具有局方认可的等效安全水平。(参见 CCAR-21-83,21.21)

生产许可证（Production Certification，PC）是适航当局对仅依据型号合格审定证（或型号设计批准书）生产的制造人进行资格审查后最终的批准形式，以保证该产品符合经适航部门批准的型号设计要求。局方审查申请人的质量控制资料、组织结构和生产设施后，认为申请人已经建立并能够保持符合 CCAR-21-R3 规定中 21.139《质量控制系统》和 21.143《对质量控制系统及资料的要求》规定的质量控制系统，使生产的每一民用航空产品均符合相应型号合格证的设计要求，即可颁发生产许可证。（参见 CCAR-21-R3，21.135）

5. 适航证和证后管理

民用航空器的所有人或者占有人可以申请该航空器的适航证（Airworthiness Certification，AC）。适航证申请人在提交制造符合性声明（CCAR-21-R3，21.130）、持续适航文件清单和局方认为必要的其他资料等有关文件后，无须进一步证明即可获得适航证。局方可以根据 CCAR-21-R3，21.173 规定检查该航空器，必要时适航证申请人应当对该航空器进行验证试飞，以证明其飞行性能、操纵性能和航空电子设备的功能符合适航要求（参见 CCAR-21-R3，21.174）。航空器型号合格证持有人应当在每架航空器交付给使用人时，在航空器上提供经局方批准的现行有效的飞行手册。（参见 CCAR-21-R3，21.7）

TC 持有人向用户提交取得适航证的第一架航空器时，应当同时提供至少一套航空规章要求制定的完整的持续适航文件，并陆续向用户提供这些持续适航文件的修改部分。

制造符合性声明内容包括：

①每一民用航空产品均符合经批准的型号设计要求，并处于安全可用状态；

②每架航空器均做过地面及试飞检查。（参见 CCAR-21-R3，21.130）

证后管理是局方颁发型号合格证后，局方授权的审查部门（ACD）和申请人负责进行的持续适航、产品服役使用（困难）、可能的更改以及证后的评估等相关工作。

飞机型号在取得型号合格证后的主要工作如下：

①制造、使用过程中，飞机出现的工程问题和使用困难的调查和处理；

②型号设计更改的控制和管理；

③飞机服务通告和适航指令评估和管理，持续适航指令 ICA 更改；

④飞行手册，至少主要设备清单和维修大纲的更改与报批；

⑤设计保证系统和手册及其更改的控制与管理。

注 1：服务通告（Service Bulletin，SB）是 TC 持有人为了保证交付使用的飞机能安全、经济、可靠地使用，向飞机运营人颁发的一种支持性文件。局方对服务通告分为普通、重要、紧急三类。

注 2：适航指令（Airworthiness Directive，AD）是局方针对某航空产品存在的不安全因素制定的强制性的检查要求、纠正措施或使用限制。

需要说明，把取证后管理仅限于持续适航是不全面的，但将证后管理阶段称为持续适航阶段同样也是不正确的。

　　TC 申请人始终是型号合格审定从研发取证到证后管理整个过程的主导，是航空器适航性主要责任人。TC 申请人与航空公司运营人在局方监督管理下，共同实现航空器适航性的始终保持。

1.3　符合性验证方法

1.3.1　符合性验证方法概述

　　型号合格审查过程中，为了获得所需的证据资料，以表明适用适航规章条款的符合性，申请人通常需要采取不同的验证方法。这些符合性验证方法统称为符合性方法。为了统一型号合格审查双方的认识，以便信息交流，在整理总结以往审查经验和借鉴国外的管理成果的基础上，将局方认可的符合性方法汇总为 10 种，如表 1.5 所列。审查中根据适航规章条款的具体要求，选择其中的一种或多种方法组合的方式来满足条款的要求。

表 1.5　符合性方法及其使用说明

代　码	名　称	使用说明
MC0	符合性说明	通常在符合性记录文件中直接给出，为适航要求符合性结论
MC1	说明性文件	如技术说明、安装图样、计算方法、技术方案、航空器飞行手册等，为适航要求符合性文字说明材料
MC2	分析/计算	如载荷、静强度和疲劳强度、性能分析/计算、统计数据分析、与以往型号相似性等
MC3	安全评估	如功能危害性评估（PHA）、系统安全性分析（SSA）等，用于规定安全目标和演示已经达到这些安全目标的文件
MC4	实验室试验	如静力和疲劳试验、环境试验等，试验可能在零部件、分组件和完整组件上进行
MC5	地面试验	如旋翼和减速器的耐久性、环境等试验
MC6	飞行试验	规章明确要求时，或用其他方法无法完全演示符合性时采用
MC7	航空器检查	如系统的隔离检查、维修规定的检查等
MC8	模拟器试验	如潜在危险的失效情况评估、驾驶舱评估等
MC9	设备合格性鉴定	设备的鉴定是一个过程，可能包括上述所有的符合性方法

　　另外，为了便于型号合格审查计划和文件的编制，对各种符合性方法赋予了相应的代码。符合性方法的代码、名称和使用说明列于表 1.5 中。

　　上述符合性方法及其使用说明可供型号合格审查时参考，也可根据具体型号合格审定项目的需要进行必要的注释，如申请人有更为明确完整的符合性方法的定义和使用说明,则亦可作为符合性审定计划的一部分,附在该计划中。

1.3.2　符合性方法实施要点

　　航空规章规定的适航要求是对飞机安全性的最低要求,是适航审定实施过程应达到的要求,其符合性方法也是原则上可行的技术途径。适航审定的实施过程,就是选择适用的符合性方法,使用特定的辅助工具,对合格审定对象的特性、研制过程符合适用的适航要求、符合咨询通告及其遵守法规的情况进行综合评估,得出其是否满足相关安全性要求的结论。

　　型号合格审定符合性方法选择的重要依据是航空规章条款。正确理解适航条款的技术内涵,才能准确选择出恰当适用的符合性方法,对适航条款的贯彻执行进行合格审定。方法选择还应注意不同的飞机型号、功能及性能的差异,以及技术成熟度或适航性审定经验等方面的限制。

　　对结构合格审定而言,适航要求与材料类型无关,但是符合性方法的实施,必须充分考虑材料类型,如复合材料结构合格审定还要参照 CCAR - 23.573 和 AC 20 - 107B 的规定。

　　飞机结构使用的材料,大致可以分为货架(金属)材料(如典型金属材料)、外在技术制备的材料(如铸件、锻件等)和内在技术制备的材料(如复合材料)三种基本材料类型。

　　货架(金属)材料是具有悠久历史的通用金属材料,材料规范直接控制零件设计和分析使用的材料性能,符合 A 和 B 基准的许用值,通常是公开发布的。其中,A 基准值为 95% 的置信度下,99% 的性能数值群的最小值;B 基准值为 95% 的置信度下,90% 的性能数值群的最小值。

　　外在技术制备的材料的典型特点是材料性能有比较大的变异性,材料规范决定材料性能基准,规定每个零件材料的认证性能(首件解剖)。

　　内在技术制备的材料是在零件成形中形成的。材料规范决定原材料的采购,但原材料并不是材料最终状态。关键的设计使用的材料性能取决于零件的成型工艺,并应考虑湿/热和使用环境等因素的影响。

　　飞机结构使用的三大类材料性能差异明显,必将给航空规章(适航规章)条款符合性方法的具体实施带来差异。

　　为此,对复合材料结构符合性方法实施要点的建议有如下各项(但不限于此):

　　①确定材料类型,根据材料及其结构成型工艺特点、相类似结构分析和验证试验经验,拟订合理可行的符合性方法实施方案。

　　②建立覆盖材料、材料工艺和制造方法的规范,形成确保制造可重复和可靠的结构的基础,是型号合格审定符合性验证试验的前提。

　　③综合考虑载荷环境(如飞行载荷、重复加载、振动、噪声、气动弹性、受热等)与外界自然环境(如气候、雷击、外来物等),以及维修不当的影响。

④综合考虑耐久性、疲劳/损伤容限、强度、刚度及功能要求(如舱门开关、坐舱气密、电磁屏蔽等),合理安排分析与验证试验。

⑤采用"积木式"方法,进行设计研制和验证,按结构完整性具有高置信度的要求,每一级的试验件数量应足够,以合理确定材料许用值以及设计、分析和试验所使用的设计值和系数。

⑥必须充分考虑持续适航涉及的相关问题。

1.4　持续适航

所有的飞行活动都必须保证安全,因此飞机必须始终保持在适航状态下。这就意味着必须实施相关手册和适航指令(AD)所列的所有维修操作。

持续适航也依赖于特定的运营机构和维修机构。因此高度概括起来,持续适航由两部分构成:

①维修;

②更一般意义上的运营人审定。

1.4.1　EASA 持续适航与维修

欧盟委员会已经通过了欧盟条例第 2042/2003 号(EC No. 2042/2003)"关于航空器和航空产品、零件及设备的持续适航,以及参与这些工作的单位与人员的批准"。以下给出这一条例的摘录。

1. 目标和范围

(1)本规章制定了保证下列航空器持续适航的通用技术要求和管理程序,包括在此航空器上所安装的任何部件。这些是:

①在成员国注册的航空器;

②在第三国注册,并由成员国保证监督其运行的运营人所使用的航空器。

(2)第 1 条不适用于控制安全监督的责任已被转移到第三国的、由非欧盟运营人所使用的航空器,也不适用于基本规章附件Ⅱ(Annex Ⅱ)中提到的航空器。

(3)本规章中与商业航空运输有关的规定,适用于在欧共体法律中定义的持照航空承运人。

2. 持续适航要求

(1)应根据附录Ⅰ(M 部)中规定确保航空器及其部件的持续适航性。

(2)参与航空器和部件持续适航(包括维修)的单位和人员,应该遵守附录Ⅰ和条款 4 和 5 中适用部分的规定。

(3)通过对条款第 1 条的偏离,根据 EASA 21 部颁发的飞行许可中所定义的特殊持续适航协议,应该批准持有飞行许可证航空器的持续适航。

3. 维修单位批准(条款 4)

对参与大型航空器或商业航空运输用航空器维修,以及参与这些航空器配件维修的单位,应该根据附件Ⅱ(145 部)的规定取得批准。……

4. 认证人员(条款 5)

认证人员应根据附件Ⅲ(66 部)的规定取得资格证。

5. 培训单位要求(条款 6)

参与对条款 5 所提及人员培训的机构需根据附件Ⅳ(147 部)获得批准。

上述提及的附录中均提供了可接受的符合性方法(AMC)和指南资料(GM)。

1.4.2　FAA 持续适航与维修

FAA 持续适航的要求比相应的 EASA 文件要详细得多。比较它们与列在 EASA 持续适航中的标准,我们可以发现下列的相似之处:

①维修的总则,包括参与持续适航的机构和人员,可以在 FAR 43 部中找到。

②维修单位的批准,可以在 FAR 145 部中找到。

③维修人员的认证,由 FAR 65 部加以规定。

④人员培训单位的审定,由 FAR 147 部加以规定。

此外,在第 8 章(8.7 节)"FAA 运行标准(附加适航要求)"中我们考虑的一些"运行标准",对需要遵守这些标准的运营人规定了维修要求。我们可引用下列规章:FAR 91、FAR 121、FAR 125、FAR 129 和 FAR 135。

应该记住,有很多 AC 和 FAA 的命令(Order)提供了关于这些标准的指南。

1.5　适航管理及各方责任

1.5.1　适航管理主要内容和特点

1. 适航管理主要内容

民用航空器适航管理(简称适航管理)的宗旨是保障民用航空安全,维护公众利益,促进民用航空的发展。

适航管理就是对民用航空器适航性进行的过程控制,是以保障民用航空器的安全性为目标的技术管理,是政府适航部门在制定了各种对民用航空器最低安全标准的基础上,对民用航空器的设计、制造、使用和维修进行的统一审定、鉴定、监督和管理。

适航管理是以法律条款(如航空规章、适航规章等)确保每架飞机都在适航(适合飞行)状态下参加飞行。

适航管理由各国政府的适航当局负责。适航当局负责适航法规(如航空规章和技术标准规定(TSO)等)、咨询通告的制定,航空器型号合格审定和适航检查等工作。因此,适航管理的范围涵盖航空器的设计、制造、使用和维修的全寿命周期。

民用飞机,特别是民航客机,必须符合适航要求。为此,世界主要国家的适航当局对民用飞机设计、制造、使用和维修的全过程实施强制性的监督与控制。适航管理的主要内容有 5 项:

①制定各类适航规章和审定监督规则;

②民用航空器设计的型号合格审定;

③民用航空器制造的生产许可审定;

④民用航空器的适航审定;

⑤民用航空器的持续适航管理。

适航当局首先通过发布和执行航空规章(如适航规章)对民用航空器的研制、制造和使用实施强制性的监督与控制,以保证产品质量,保证飞行安全。

美国联邦航空局发布和执行的《联邦航空条例》(Federal Aviation Regulation, FAR)涵盖了各类航空器以及航空发动机和螺旋桨的适航要求。其中,FAR - 25 为《运输类飞机适航规章》。

英国民用航空局制定了《英国民用航空适航要求》(BCAR),欧洲航空安全局制定了适航审定规范(Certification Specification, CS)CS - 21、CS - 23、CS - 25、CS - E 等适航规章。

俄罗斯颁发自己的民用飞机适航规章。

同时,为全面贯彻执行航空条例,适航当局还发布了一系列配套标准和规定,如 FAA 的《技术标准规定》(TSO)、《咨询通告》(AC)等。具体航空规章均可以在美国联邦航空局等官方网站上查到。

1985 年,中国民用航空正值新的管理体制初步酝酿形成的阶段,当年 12 月 31 日,中国民用航空局发布了第一部适航标准,即《中国民用航空规章》第 25 部《运输类飞机适航标准》(CCAR - 25),在民用航空立法建设上迈出了历史性的一步。1987 年 5 月由国务院正式颁布《民用航空器适航管理条例》。1989 年在上海、西安、沈阳、成都成立航空器适航审定中心。中国民用航空局经 1990 年 7 月 18 日、1995 年 12 月 18 日、2001 年 5 月 14 日和 2011 年 11 月 7 日四次修订后,正式颁布《运输类飞机适航标准》(CCAR - 25 - R4),以保持我国适航标准与国外适航标准在安全水平上的一致性。

应根据航空规章及其配套标准和规定,对航空器设计、制造进行合格审定和飞行试验,颁发型号合格证(Type Certification,TC)、生产合格证(Production Certification,PC),确认航空器设计符合适航规章、生产厂家的质量控制体系(包括组织机构、规章制度、文件)和生产设施是合格的,能够连续稳定生产出符合型号设计要求的航空器。对航空器持有人申请审查、颁发适航证(Certification of Airworthiness, CoA)。持有适航证的航空器就可保证安全运行。

民用航空器证后管理是航空器适航性持续保持的关键。主要监督运营商航空器的使用和维修,以及持续适航指令(ICA)的更改和证后的评估等,以实现对民用航空器适航性的全寿命周期管理。

2. 适航管理特点

适航管理具有一些国际间普遍承认的特点：权威性或法规性、国际性、完整性、统一性、动态发展性和独立性等。

①适航当局。适航管理的立法决策层是由各国政府（欧洲为欧盟）决定设立的，是一个政府机构。中国民用航空局是由中国政府国务院决定设立的。航空规章是以国家法律法规的形式发布的，形成了适航法规体系，具有强制法定效力。

②适航管理是国际性的。世界各国适航当局执行的适航规章，原则、内容、细节均是一致相同的，均以美国《联邦航空条例》为蓝本。

③适航法规体系和合格审定覆盖航空器设计、制造、使用和维修整个过程，涉及航空活动相关的各个专业领域。申请人/持有人和适航审定、监督人员执行的法规是一致的。

④适航要求和适航规章法规基于民用航空实践而制定，结合航空技术的发展，持续不断地得到修订和完善。

⑤民用航空器设计、制造单位，航空器使用、维修单位和政府适航部门这三个航空器适航性责任主体，彼此既有关联，又相互独立，各负其责。政府适航部门独立行使监督和审查职责。

适航管理具有国际间普遍认可的权威性和法规性。适航管理是强制性的。只有从设计、制造到使用、维修全过程都通过适航审定的航空器才可交付使用，并保证使用安全。

1.5.2　保障飞行安全相关各方责任

完善的设计、优质的制造、妥善的使用和有效的维修，是保持飞机适航性的重要因素，在飞机服役使用寿命期过程中，任何相关方（包括适航监管部门）始终都要承担相关的责任，这种责任即适航责任。适航责任是民用飞机运行安全责任的重要组成部分。

保障飞行安全相关各方适航责任按责任主体划分，各负其责，同时，各责任主体又同在这个航空产业链上，彼此之间又需要密切沟通、配合和协作，以保持飞机适航性。

阐明各方适航责任将有助于理解飞机适航审定的相关内容。

（1）飞机设计、制造单位适航责任

飞机设计、制造单位对飞机型号研发的合格审定负主要责任，所承担的主要责任如下：

①按照适航要求设计、制造飞机；

②向局方表明和演示设计、制造的飞机符合适用的适航规章；

③基于技术提升和使用经验，对设计和制造进行改进；

④向使用、维修单位提供持续适航文件和技术支持。

（2）飞机使用、维修单位适航责任

飞机使用、维修单位对飞机的使用、维修负主要责任。所承担的主要责任如下：

①建立运行和维修体系，按规章和手册的要求使用、维修飞机；

②向设计、制造单位和政府部门反映航空器使用中的问题；

③保证运行的飞机始终处于安全运行状态；

④通过适当的维修和加改装，保持和改进飞机的适航性。

（3）政府适航部门适航责任

政府适航部门对航空器的适航性负监督管理责任，所承担的主要责任如下：

①研究制定适航法规和标准；

②对飞机的适航性进行抽样和技术鉴定；

③对设计、制造、使用和维修单位进行监督和审定；

④督促企业落实适航责任。

1.5.3　设计保证系统

设计保证（Design Assurance）指型号合格证或型号设计批准书申请人为了充分表明其有以下设计能力所必需的所有有计划的、系统性的措施：

①保证设计的产品符合适用的适航规章和环境保护要求；

②表明并证实对适航规章和环境保护要求的符合性；

③向型号合格审定委员会（TCB）和型号合格审定组演示这种符合性。

（参见《航空器型号合格审定程序》AP－21－AA－2011－03－R4）

设计保证系统（Design Assurance System）指申请人为了落实上述定义所规定的设计能力保证措施所需要的组织机构、职责、程序和资源。

成功的设计、制造和维修保障依赖于具有资质的团队，他们不仅需要对各自的技术工作很熟练，而且需要在相关的工作中有良好的沟通、协作，很好地解决处理型号研发过程和持续适航出现的各种各样的问题。实践充分表明，资质团队十分重要，起着关键性的作用。

将设计、制造、使用和维修保障技能资质工作人员整合在一起，也是保证飞机安全和有效进行适航审定的关键。

对飞机结构，设计-工艺一体化有助于处理结构完整性对工艺高度依赖出现的问题；检查人员必须了解设计、制造工艺，知晓缺陷/损伤出现部位，了解检查方法和通道以及不可检部位等；裂纹的起始和扩展、外来物冲击损伤程度和扩展特性都与设计、制造工艺密切相关；结构的维修也同样需要一个资质团队一起工作。在新材料、新工艺和高新科技大量涌现、应用的今天，科学知识相互交叉，团队作用尤为重要。团队的每个成员必须意识到个人技能的局限性和成员之间技能互补的重要性，使各自的专业知识融合在一起，相互补充，形成实力。

1.5.4　安全管理系统

在航空系统的许多环节上,设立质量管理已有很长时间。许多航空单位已经实施和运行 QC 和/或 QA 多年。

QA 计划确定和建立了一个单位的质量政策和目标。它保证单位中那些提高效率和减少相关服务风险所需的要素已经到位。如果正确执行,QA 保证程序的实施与适用要求一致和相符,保证问题被识别和解决,也保证单位持续地审查和改进其程序、产品和服务。QA 应当为满足企业的目标而识别问题和改进程序。

QA 原理在安全性管理流程上的应用,有助于保证采取必要的全系统安全措施,以支持单位达到其安全目标。然而,QA 本身不能如质量信条所建议的那样保证安全性。正是 QA 原理和概念在安全管理系统(SMS)安全性保障部分的集成,帮助一个单位保障必需的流程标准化。该流程的目的在于使这个单位妥善处理危险结果所导致的安全性风险。该单位在其提供服务的相关活动中不得不面临这些危险。

QA 原理包括一个监督单位各方面行为表现的程序,包括下列的一些要素:
①设计和程序归档(如,SOP);
②检查和测试方法;
③设备和运行的监督;
④内部和外部审计;
⑤纠正行动的监督;
⑥适当的统计分析。

航空单位经常将他们的 QC 和 QA 计划整合进所谓的质量管理系统(QMS)。准确而言,SMS 和 QMS 分享了许多共同性。它们都
①必须被规划和管理;
②依赖测量和监督;
③涉及单位中的每个职能、流程和人员;
④为持续提高而努力。

然而,类似于 SMS 和 QMS 分享共同性,两者之间存在重要区别,也即当靠其自身来处理危险结果所导致的安全性风险时,QMS 在有效性方面存在不足之处。在提供服务的相关活动中,这类单位不得不面临这些危险。

简单而言,SMS 与 QMS 的区别在于:
①SMS 专注于一个单位的安全性、人和组织的方面(如安全性的满足);
②QMS 专注于一个单位的产品和服务(如客户的满意)。

在 SMS 与 QMS 之间的共同性和区别被确定后,就有可能在两者之间建立一个协作关系。不能过分强调这个关系是互补的、永不对抗的。这个关系可以总结如下:
①SMS 部分地建立在 QMS 原理上;
②SMS 应当包括安全性和质量政策和措施;

③质量原理、政策和措施的整合，只要 SMS 被关注，就应当专注于安全性管理的支持。

SMS 对 QMS 的整合，为监督流程和监督识别安全性危险及其后果的程序，提供了一个结构化方法，并且使得航空运行中的相关安全性风险被置于组织、预期功能的控制之下，以及使之提高而符合质量和安全性要求。

第 2 章　复合材料的原材料

飞机的设计和制造一直是与性能优异的材料联系在一起的。20 世纪 60 年代中期,以碳纤维为增强体的复合材料问世,20 世纪 70 年代初开始应用于军用飞机结构,20 世纪 80 年代开始应用于民用飞机结构。复合材料具有比强度高和比刚度高的独特优点,飞机结构采用复合材料时重量可相应减少 20%～30%。此外复合材料还具有可设计性强、疲劳性能好、耐腐蚀、易于大面积整体成形和维护性好等优点。目前复合材料已经成为重要的飞机结构材料。

复合材料结构的加工制造过程和损伤特性与金属结构有明显不同。在工艺成型过程中,由于诸多因素的影响,复合材料中可能会出现气孔、树脂裂纹、分层和脱胶等制造缺陷,生产质量相对难以稳定;飞机在服役过程中,在服役载荷、雨水侵蚀、鸟和冰雹等外来物冲击的作用下,复合材料结构可能出现分层、脱胶和纤维断裂等损伤;此外,复合材料结构受温度、湿度、紫外线和闪电等环境影响也比较严重。因此在事后审定中应当更加关注复合材料结构的安全性。

2.1　纤　　维

增强纤维复合材料的承载主体。飞机结构中应用的增强纤维有碳纤维、芳纶纤维、玻璃纤维和硼纤维等。碳纤维由于其性能好、纤维类型和规格多成本适中等因素,在飞机结构中应用最广。芳纶纤维性能虽然尚佳,但在湿热状态下性能有明显下降,一般不用作飞机主承力结构,目前多与碳纤维一起混杂使用。玻璃纤维由于刚度较低,只用在一些次要结构,例如,整流罩、雷达罩、舱内装饰结构等。硼纤维因为纤维直径较粗且刚硬,成型和加工困难,且价格昂贵,故应用很少。表 2.1 给出了几种类型增强纤维的参考价格比较。

表 2.1　增强纤维的价格比较

材　料	每束纤维根数	1992 年价格（$ · kg^{-1}）
玻璃纤维	—	6.6～11
Kevlar - 49	—	2.2～44
石英纤维	—	264.3

材　料		每束纤维根数	1992 年价格($ · kg^{-1})
碳纤维	PAN 基模量(227 GPa)	1 000	308.4
		3 000	88.1
		6 000	66.1
		12 000	55.1
	中等模量(275 ～345 GPa)	6 000	187.2
		12 000	99.1
	超高模量(>483 GPa)	—	660～1 542
硼纤维		—	高于 440

2.1.1　碳纤维

1. 碳纤维定义

碳纤维(Carbon Fibers)是由聚丙烯腈纤维、沥青纤维或黏胶纤维等原料经预氧化、碳化等工艺过程制得的含碳量在 85%～99% 之间的纤维。其最高强度已达 7 000 MPa,最高弹性模量达 900 GPa,其密度为 1.8～2.1 g/cm³,并具有低热膨胀、高导热、耐磨、耐高温等优异性能,是一种很有发展前景的高性能纤维。

碳元素是一种非常轻的元素,碳有多种结构形态:有无定形态、金刚石、石墨等结构,其中石墨的结构是由碳原子以六方形式在层内排列。在石墨片层中,碳原子以较短的共价键排列,具有很强的结合力。在沿石墨片层方向具有很高的弹性模量,理论上可达 1 000 GPa,面片层与片层之间以范德瓦耳斯力相连接,层间距较长,约为 0.335 nm,结合力弱,因此在垂直片层方向的弹性模量只有 35 GPa。碳纤维由高度取向的石墨片层组成,并有明显的各向异性,沿纤维轴向强度高,模量高;横向性能差,其强度和模量都很低。因此在使用时,主要应用碳纤维在轴向的高性能。

碳纤维是以碳元素组成的各种碳、石墨纤维的总称。碳纤维有许多品种,有不同的分类方法,一般以根据原丝的类型、碳纤维的性能和用途进行分类。碳纤维按石墨化程度可分为碳纤维和石墨纤维,一般将小于 1 500 ℃碳化处理成的称为碳纤维,将碳化处理后再经高温石墨化处理(2 500 ℃)的碳纤维称为石墨纤维。碳纤维强度高,而石墨纤维模量高。

目前世界上生产销售的碳纤维绝大部分都是用聚丙烯腈纤维原料制得的。聚丙烯腈纤维经预氧化和碳化等工艺制得碳纤维,如果再经过石墨化工艺即可得到石墨纤维。石墨纤维(Graphite Fibers)的含碳量超过 99%。

2. 碳纤维的分类

国内外已商品化的碳纤维种类很多,通常按照碳纤维的性能和用途进行分类。

根据碳纤维的力学性能分类有通用型碳纤维、高强度碳纤维、中模量碳纤维、中模量高强度碳纤维和高模量碳纤维等。

通用型碳纤维强度为 1 000 MPa,模量为 100 GPa 左右;高强度碳纤维强度为 2 000 MPa,模量为 250 GPa 左右;高模量碳纤维,其模量达到 300 GPa 以上。如果强度大于 4 000 MPa 碳纤维的又称为超高强度碳纤维;模量大于 450 GPa 碳纤维的又称为超高模量碳纤维。随着航天和航空工业的发展,还出现了高强高伸型碳纤维,高强高伸型碳纤维不仅强度高,而且塑性好,其延伸率大于 2%。

根据碳纤维用途分类有承力结构用碳纤维、耐火焰碳纤维、导电用碳纤维、润滑用碳纤维和耐磨用碳纤维等。

3. 碳纤维的制造

碳纤维是一种以碳为主要成分的纤维状材料。它不同于有机纤维或陶瓷纤维,不能用熔融法或溶液法直接纺丝,只能以有机物为原料,采用间接法制造。制造方法可分为两种类型,即气相法和有机纤维碳化法。

气相法是在惰性气氛中小分子有机物(如烃或芳烃等)在高温沉积而成纤维。用该法只能制取短纤维或晶须,不能制造连续长丝。

有机纤维碳化法是先将有机纤维经过稳定化处理变成耐焰纤维,然后再在惰性气氛中,在高温下进行煅烧碳化,使有机纤维失去部分碳和其他非碳原子,形成以碳为主要成分的纤维。用此法可制造连续长纤维。

天然纤维、再生纤维和合成纤维均可用来制备碳纤维。选择的条件是加热时不熔融,可牵引,且碳纤维产率高。

1961 年日本大阪工业技术研究所首先用聚丙烯腈(PAN)原丝制成高性能碳纤维。1963 年英国罗尔斯罗伊斯公司的研究人员又发明用牵引法提高纤维结构的取向,进一步提高了碳纤维的强度和弹性模量。到 20 世纪 60 年代末期,日本东丽公司又找到了进一步提高碳纤维性能和生产效率的有效办法,研制成高强度、超高强度、高模量和高强中模等高性能的碳纤维,并形成规模生产。这期间,世界各国也相继发展碳纤维的制造技术。我国在 20 世纪 70 年代初开始研制碳纤维。到 1987 年全球已形成 8 000 吨碳纤维的生产能力,其中美国、日本为主要生产国。

到目前为止,制作碳纤维的主要原材料有 3 种:人造丝(黏胶纤维)、聚丙烯腈(PAN)纤维、沥青。用这些原料生产的碳纤维各有其特点。制造高强度模量碳纤维多选聚丙烯腈为原料。无论用何种原丝纤维来制造碳纤维,都要经过 5 个阶段:拉丝、牵引、稳定、碳化和石墨化。无论采用什么原材料制备碳纤维,都需经过上述 5 个阶段即原丝预氧化、碳化以及石墨化等,所产生的最终纤维,其基本成分为碳。

(1) 聚丙烯腈(PAN)碳纤维

聚丙烯腈纤维是制造碳纤维最主要和最有发展前途的原丝,其优点是碳纤维成品率高,工艺简单、成本低。用聚丙烯腈原丝生产碳纤维的主要工艺流程由热稳定化处理(或叫预氧化处理)、碳化处理和石墨化处理组成。PAN 纤维在空气中进行预氧化处理,加热温度为 250 ℃左右。在处理过程中需在纤维上加张力,以防止纤维收缩和保持纤维结构的取向。在该预处理的过程中,PAN 碳纤维的线型分子结构逐步转变成耐高温不熔化的网络状刚性分子。

热稳定化处理后的刚性网络结构不容易在以后的高温处理时熔化,并保持高度的取向。此时,预氧化纤维中仍存在大量的 N、H、O 等非 C 原子。纤维的碳化过程是在高纯 N 的保护下逐渐加热到 1 500 ℃左右的高温,将非碳原子以挥发物(例如,HCN、CO、CO_2、H_2、N_2 等)方式除去,转变成碳纤维结构。预氧化纤维在 400～600 ℃快速裂解,裂解的挥发物冷凝后形成焦油,对碳纤维质量有影响,需较好地排除。此阶段纤维失重约 40%。在裂解的同时,链上的烃基起交联缩合反应,有利于梯形结构的重排,不稳定的线型链转变为环状结构,环状结构开始脱氢并倾向联合,随着温度的继续升高,石墨片层结构进步长大和完善,碳纤维的强度不断提高,在1 500 ℃碳纤维的强度达到最高。

在碳化处理后碳原子主要以六方网络条带形式排列,称为湍流层状石墨结构。这些微小条带基本上与纤维的轴平行。碳纤维石墨化处理是将碳纤堆在 Ar 保护下经 2 000～3 000 ℃高温热处理,进一步完善石墨片层结构和取向,提高碳纤维的弹性模量。经石墨化处理后碳纤维的弹性模量可达 600 GPa。

(2)黏胶碳纤维

黏胶纤维是一种纤维素纤维,最早用来生产脱黏纤维的原丝。黏胶(vayon)是一种热固性聚合物,将黏胶原丝转变为碳纤维的工艺过程与 PAN 转变为碳纤维的工艺过程相似,分为 3 步:

①稳定化处理,在空气或富氧气氛中加热到 400 ℃;

②在 1 500 ℃以下 N_2 中对纤维进行碳化处理;

③在 2 500 ℃以上进行石墨化处理。

在预氧化处理过程中黏胶丝发生分解,并生成 CO、CO_2、H_2O 等产物挥发。黏胶纤维制造碳纤维时其失重达 70%以上,所以其收得率低(约为 15%～30%)。黏胶纤维的力学性能比 PAN 碳纤维低,但其耐烧性和隔热性较好,碱金属含量较低,适于用来制造运载火箭的头部的耐烧性部件。

(3) 沥青碳纤维

用沥青为原料制造碳纤维,比用聚丙烯腈和黏胶纤维制备碳纤维有更丰富的原料来源,且属于综合利用,可以降低成本。沥青是一种带有烷基支链的稠芳碳氢化合物的混合物,其含碳量高、价格低。沥青碳纤维的制备过程与 PAN 碳纤维相似,也是将纺成的沥青纤维经过稳定化处理、碳化处理及石墨化处理制成碳纤维。但是不同的是沥青必须经过调制处理,将其中不适合于纺丝的成分通过一定的方法除去,使经调制的沥青适于纺丝。制造碳纤维的沥青主要有石油沥青、煤焦沥青和聚氯乙烯沥青。上述沥青可分为两类:一类是各向同性沥青;另一类是含有液晶中间相的各向异性沥青。前者的相对分子质量为 200～400,芳构化程度低,易于纺丝,但用该原料制成的碳纤维力学性能较低,生产成本也低。后者经过 350 ℃以上热处理的沥青中间相是高取向、光学各向异性的液晶相,相对分子质量约为 400~600 ℃用沥青中间相熔融纺丝,经不熔化处理、碳化处理和石墨化处理可以制出弹性模量很高的碳纤维。最高弹性模量可以达到 90 GPa。其导热性高于铜 3 倍,热膨胀系数为负值。

4. 碳纤维的结构

碳主要的结构形态包括无定形结构、金刚石结构和石墨结构。最稳定的结构形态是石墨结构。石墨中的碳原子构成六方网络片层,层内碳原子以短的共价键连接,键长为 0.142 nm。层与层之间互相错开,六角形的对角线一半叠合,层与层之间距离较大,约为 0.355 nm,由范德瓦耳斯力连接在一起。因此,石墨晶体中层内原子间结合力比层面间的结合力大得多。碳纤维的显微结构决定于其原料和制备工艺。对有机纤维进行预氧化、碳化等工艺处理,除去有机纤维中碳以外的元素。在碳纤维的形成过程中,随着原丝的不同,质量损失可达 10%~80%,因而形成各种微小的缺陷。理想的石墨点阵结构属六方晶系。但研究发现,真正的碳纤维结构,并不是理想的石墨点阵结构,而是属于乱层石墨结构。在乱层石墨结构中,石墨层片是最基本的结构单元,它是一层以六方网络连接的碳原子,碳原子之间是以共价键连接的。由数张到数十张片层组成石墨微晶,这是碳纤维的二级结构单元。层片与层片之间的距离叫面间距 d_0,由石墨微晶再组成原纤维,其直径为 50 nm 左右,长度约为数百纳米,这是碳纤维的三级结构单元。最后由原纤维组成碳纤维的单丝,直径一般为 628 nm。原纤维并不是笔直的,而是呈现弯曲、皱褶、彼此交叉的许多条带组成的结构。在这些条带状的结构之间,存在着针形孔隙,其宽度约为 1.6~1.8 nm,长度可达数十纳米。

这些孔隙大都沿纤维轴平行排列。在纤维结构中的石墨微晶,其 C 轴与纤维构成一定的夹角,叫结晶的取向度。这个角的大小影响着纤维模量的高低。夹角越小,碳纤维的模量越高。实测碳纤维石墨层的层面间距约为 0.339~0.342 nm,比石墨晶体的层面间距(0.335 nm)略大,各平行层间的碳原子排列也不如石墨那样规整。

碳纤维的横截面结构存在三种不同的模型。主要是微晶层的取向分布不同。第一种是碳纤维外层区的微晶层面沿圆周向排列,有一定择优取向。内层是无规则排列。第二种是外层沿周向排列,而内层和中心区呈径向排列。第三种是纤维内外层都是沿周向排列。这些结构与原料和制备工艺有关,特别是预氧化过程影响很大。碳纤维的性能与微晶大小、取向及孔洞缺陷等有密切关系。微晶尺寸大,取向度高、缺陷少,则碳纤维的弹性模量、拉伸强度及导电、导热性明显提高。微晶大小和取向度通过热处理稳定和对纤维的牵伸来控制。

5. 碳纤维的性能及其应用

碳纤维的密度在 1.5~2.0 g/cm³ 之间,除了与原丝结构有关外,主要取决于碳化处理的温度。一般经过高温(3 000 ℃)石墨化处理,密度可达 2.0 g/cm³。

碳纤维具有低密度、高强度、高模量、耐高温、抗化学腐蚀、低电阻、高热传导系数、低热膨胀系数和耐辐射等特性,此外还具有纤维的柔顺性和可编性,比强度和比模量优于其他无机纤维。碳纤维复合材料还具有非常优良的 X 射线的透过性,阻止中子透过性,还可赋予塑料以导电性和导热性。

碳纤维的缺点是性脆,抗冲击性和高温抗氧化性差。

复合材料中的碳纤维实际上是纤维丝束。飞机结构上使用的碳纤维复合材料的碳纤维丝束一般含有 1 000～12 000 根。纤维的根数仅表示每个丝束的粗细,其机械性能一般不受丝束大小的影响。飞机常用碳纤维的类别与性能见表 2.2 所列。

碳纤维可加工成织物、毡、席、带、纸及其他材料。在飞机结构中,碳纤维既可以用于飞机的次承力构件,如方向舵、起落架、扰流板、副翼、发动机舱、整流罩和机舱地板等;也可以用于飞机的主承力构件,如主翼、尾翼和机体等。

表 2.2　碳纤维的类别与性能

纤维牌号	每束单丝/根数	密度/$(g \cdot cm^{-3})$	拉伸强度/MPa	拉伸模量/GPa	断裂伸长/%	质量/$(g \cdot km^{-1})$
T300	1 000	1.76	3 530	230	1.5	66
	3 000					198
	6 000					396
	12 000					800
T300J	3 000	1.82	4 410	230	1.9	198
	6 000					396
	12 000					800
T400H	3 000	1.80	4 410	250	1.8	198
	6 000					396
T700S	12 000	1.82	4 800	230	2.1	800
T800H	6 000	1.81	5 900	294	1.9	223
	12 000					445
T1000	12 000	1.82	7 060	294	2.4	448
T1000G	12 000	1.80	6 370	294	2.1	485
M35J	6 000	1.75	5 000	343	1.6	225
	1 200					450
M40J	6 000	1.77	4 400	377	1.2	225
	1 200					450
M46J	6 000	1.84	4 200	436	1	223
	1 200					445

纤维牌号	每束单丝/根数	密度/(g·cm⁻³)	拉伸强度/MPa	拉伸模量/GPa	断裂伸长/%	质量/(g·km⁻¹)
M50J	6 000	1.87	4 020	475	0.8	215
M55J	6 000	1.93	3 630	540	0.7	212
M60J	3 000	1.94	3 820	588	0.7	100
	6 000					200
M30	1 000	1.7	3 920	294	1.3	53
	3 000					160
	6 000					320
	12 000					640
M40	1 000	1.81	2 740	392	0.7	61
	3 000					182
	6 000					364
	12 000					728
M46	6 000	1.88	2 550	451	0.6	360
M50	1 000	1.91	2 450	490	0.5	60
	3 000					180

2.1.2　芳纶纤维

1. 芳纶纤维定义

芳纶纤维(Aramid Fiber)是由芳香族聚酰胺树脂纺成的纤维,国外也称为芳酰胺纤维。芳纶纤维就是目前已工业化生产并广泛应用的聚芳酰胺纤维,在复合材料中应用最普遍的是聚对苯二甲酰对苯二胺(PPTA)纤维。

2. 芳纶纤维的性能及应用

芳纶纤维具有优异的拉伸强度和拉伸模量,优良的减震性、耐磨性、耐冲击性、抗疲劳性、尺寸稳定性、耐化学腐蚀性(但不耐强酸和强碱)、低膨胀(长度方向热膨胀系数很小,但直径方向热膨胀系数较大)、低导热,不燃不熔,电绝缘,能透电磁波,以及密度小等优点。

芳纶纤维在真空中的长期使用温度为 160 ℃,温度低至 −60 ℃ 也不变脆。芳纶纤维的单丝强度可达 3 773 MPa;254 mm 长的纤维束的拉伸强度为 2 744 MPa,大约为铝的 5 倍。芳纶纤维的耐冲击性大约为石墨纤维的 6 倍,硼纤维的 3 倍,玻璃纤维的 0.8 倍。芳纶纤维的断裂伸长在 3% 左右,接近玻璃纤维,高于其他纤维。用它与碳纤维混杂,将能大大提高纤维复合材料的冲击性能。

芳纶纤维的缺点为：热膨胀系数具有各向异性,耐光性差,暴露于可见光和紫外线时会产生光致降解,使其力学性能下降和颜色变化,溶解性差,抗压强度低,吸湿性强,吸湿后纤维性能变化大。因此应密封保存,在制备复合材料前应增加烘干工序。

目前,芳纶纤维主要的产品牌号是美国杜邦公司生产的凯夫拉(Kevlar)系列产品,其基本性能如表 2.3 所列。

表 2.3 芳纶纤维的基本性能

牌 号 性 能	Kevlar - 29	Kevlar - 49	Kevlar - 149
拉伸强度/MPa	2 970	3 620	3 433
拉伸模量/GPa	36.7	125	165
断裂伸长/5%	3.6	2.5	1.8
吸湿率/%	7	3.5	1.1

Kevlar - 29 主要用作轮胎帘子线,Kevlar - 49 和 Kevlar - 149 可用在飞机结构上。

Kevlar - 49 纤维具有抗拉强度高、弹性模量高、韧性好以及各向异性等力学特性。但它的抗压性能和抗扭性能较低。Kevlar - 49 吸潮后,纤维强度会降低。Kevlar - 49 具有良好的耐低温性,但在高温下耐热老化性能不够理想。另外,Kevlar - 49 受光和燃油的作用,也会导致强度下降。

Kevlar - 149 纤维在抗吸潮性能方面优于 Kevlar - 49。芳纶纤维在湿热环境下,其性能有明显的下降,一般不用于飞机主承力结构。

芳纶纤维一般与碳纤维混杂使用,作为航空航天用复合材料的增强材料,应用于火箭发动机壳体、压力容器、各种整流罩、窗框、天花板、隔板、地板、舱壁、舱门、行李架、座椅、机翼前缘、方向舵、安定面翼尖、尾椎和应急出口系统构件等。而以芳纶-环氧无纬布和薄铝板交叠铺层,经热压而成的 ARALL 超混合复合层板是一种具有许多超混杂优异性能的新型航空结构材料。它的比强度和比模量都高于优等铝合金材料,疲劳寿命是铝的 100～1 000 倍,阻尼和隔音性能也较好,机械加工性能比芳纶复合材料好。芳纶纤维还可作为航空航天领域的耐热、隔热材料,如芳纶短切纤维增强的三元乙丙橡胶基复合材料的软片或带材,可作为发动机的内绝热层。

2.1.3 玻璃纤维

1. 玻璃纤维及其种类

玻璃纤维(Glass Fiber/Fiberglass)是由玻璃原料加热熔融后,按照一定的工艺,拉丝制成直径为几微米到二十几微米的纤维。

玻璃纤维的种类较多,常用的有 E 玻璃纤维、C 玻璃纤维和 S 玻璃纤维。

E 玻璃纤维是一种无碱玻璃纤维。这种纤维强度较高,耐热性和电性能优良,能耐大气腐蚀,化学稳定性也好,但不耐酸,其最大的特点是电性能好,因此,E 玻璃也被称为"电气玻璃"。国内外广泛使用 E 玻璃纤维作为复合材料的原材料。

C 玻璃纤维是中碱玻璃纤维,其特点是耐化学性特别是耐酸性优于 E 玻璃纤维,但电气性能差,机械强度低于 E 玻璃纤维 10%~20%。

S 玻璃为高强度玻璃纤维,具有高拉伸强度,其基本性能如表 2.4 所列。

表 2.4　S 玻璃纤维的性能

性　　能	测试温度/℃	测量值
拉伸强度	22	4.585 GPa
	391	3.758 GPa
	538	2.413 GPa
拉伸模量	22	85.5 GPa
断裂伸长	22	5.7%

此外,以玻璃纤维的外观分类,有长纤维、短纤维、空心纤维和卷曲纤维等。

2. 玻璃纤维的性能及应用

玻璃纤维具有拉伸强度高、耐高温、电绝缘、透波性好和不吸潮等一系列优良的性能。它的缺点是脆性,对人的皮肤有刺激性。

玻璃纤维由于直径、股数的不同而有很多规格。国际上通常采用"tex"来表示玻璃纤维的不同规格。"tex"是指 1 000 m 长原丝的质量,单位为 g。例如,1 200 tex 就是指 1 000 m 长的原丝质量为 1 200 g。

在飞机结构上,E 玻璃纤维是具有电磁场使用要求的玻璃纤维,用于雷达天线罩。S 玻璃纤维是高强度型的玻璃纤维,用于有强度要求的结构部分。C 玻璃纤维化学性能好,用于防腐部分。

2.1.4　其他纤维

1. 硼纤维

硼纤维(Boron Fibers)是一种将硼通过高温化学气相沉积在钨丝或碳芯表面制成的高性能增强纤维,具有很高的比强度和比模量,也是制造金属基复合材料最早采用的高性能纤维。是由美国最早研制的并于 20 世纪 60 年代在航天工业获得应用的一种纤维。形成的硼纤维直径通常为 100 μm 左右。这种硼纤维具有强度高、弹性模量高等特点。用硼纤维增强铝的复合材料制成的航天飞机主舱框架强度高、刚性好,代替铝合金骨架可减轻 44% 的质量。美国、俄罗斯是硼纤维的主要生产国。

硼纤维是用化学气相法在一根受热的纤芯(钨丝或碳丝)上沉积而成。所用做纤芯的钨丝的直径一般为 10~13 μm,而碳丝的直径一般为 30 μm。如在超细的钨丝上,用氢气在高温还原三氯化硼,生成无定形的硼,并沉积在芯材表面,形成直径约 $100~\mu m$ 的硼纤维。其沉积的化学反应如下

$$2BCl_3+3H_2=2B+6HCl$$

用做纤芯的钨丝需经过仔细清洗,除去表面油污和杂质。在氢气中加热到 $1~200~℃$ 左右,除去钨丝表面的氧化物,钨丝通过水银密封触夹通电,靠钨丝本身的电阻加热到 $1~000~℃$ 以上,化学气相沉积在丝的表面不断进行,硼原子不断地沉积在丝的表面形成直径 $100~\mu m$ 左右的硼纤维。硼纤维的结构和性能与沉积温度密切相关,因此需分段加以控制。硼纤维最初形成阶段,硼原子与纤芯钨丝直接接触,易形成 W_2B、WB、W_2B_5 和 WB_4,为控制过多的生成硼化物,在此阶段温度应控制在 $1~100\sim1~200~℃$,以控制硼的扩散,逐渐形成硼层。第二阶段温度较高,控制在 $1~200\sim1~300~℃$,以得到较快的沉积速度、形成硼纤维。

在 20 世纪 70 年代以后,硼纤维的制造技术有了很大发展,主要集中在 3 个方面。

(1) 采用新的芯材代替价格昂贵的钨丝

最有代表性的是采用涂钨(或碳)的石英玻璃纤维芯材。用此种纤维制备硼纤维,比直接使用钨丝和碳丝要便宜得多,比直接使用碳纤维时的高温膨胀性能要好,还可降低硼纤维的表观密度,提高比弹性模量。

(2) 改进化学气相沉积法及其有关设备

在沉积过程中,随着纤维直径的增加以及芯材与硼在高温下的化学反应,电阻值变化很大,甚至由于局部电阻增大出现"亮点",造成硼的不均匀沉积,影响硼纤维的质量。因此,采取了辅助外部加热装置和射频加热装置,实现了反应温度的均匀分布。

(3) 硼纤维的后处理

后处理技术主要包括化学处理和表面涂层处理两个方面。一方面化学处理的目的是把影响纤维性能,如裂纹等表面缺陷处理掉,这类处理方法包括用某些化学溶剂对纤维进行侵蚀或抛光,而热处理法则以消除残余应力为目标;另一方面表面涂层处理目的是增加硼纤维的辅助保护层,使其在高温下不与基质材料(如金属)起反应。这些保护层有氧化铝、碳化物、硼化物或氧化物合成的各种渗滤障碍层。

硼纤维很脆,抗拉强度约 $3~500~MPa$,弹性模量 $400~GPa$,密度只有钢材的 $1/4$,抗压缩性能好;在惰性气体中,高温性能良好;在空气中超过 $500℃$ 时,强度显著降低。硼纤维的性能如表 2.5 所列。

硼纤维是良好的增强材料,可与金属、塑料或陶瓷复合,制成高温结构用复合材料。如硼/铝复合板材,其纤维体积含量达 50% 时,在增强方向上抗拉强度达 $1~500~MPa$,弹性模量 $200~GPa$,密度为 $2.6~g/cm^3$。由于其具有高比强度和比模量,在航空航天和军工领域获得广泛应用。硼纤维活性大,在制作复合材料时易与基体相互作用,影响材料的使用,故通常在其上涂敷碳化硼、碳化硅等涂料,以增强其惰性。

硼纤维复合材料用于制作飞机垂尾、机翼部件、起落架舱门以及一些型材等。

硼纤维的成型和加工性不好,价格高,故应用有限。国际上,多用硼/环氧复合材料修理金属飞机结构。

表 2.5　硼纤维的性能

芯材品种	直径 /μm	密度 /(g·cm^{-3})	拉伸强度 /MPa	拉伸模量 /GPa
	100	2.59	3 445	400
硼-钨芯	140	2.46	3 583	
	200	2.4		
	100	2.22		358
硼-碳芯	107	2.23		400
	140	2.27		-

2. 陶瓷纤维

陶瓷纤维(Ceramic Fibers)是一种纤维状轻质耐火材料,具有重量轻、耐高温、热稳定性好、导热率低、比热小及耐机械振动等优点,因而在机械、冶金、化工、石油、陶瓷、玻璃、电子等行业都得到了广泛的应用。

在航空航天领域,主要利用陶瓷优异的耐高温性能,作为金属机体的增强材料,制作在高温环境下工作的航空航天零部件,如涡轮,燃烧室的衬套,喷嘴和防火墙等。

但陶瓷材料脆性大,经受不住机械冲击和热冲击,因此增加陶瓷纤维的韧性和提高高温断裂强度是发展高温陶瓷材料的两大难题。在增韧方面,目前 SiCr/SiC、SiCW/Si$_3$N$_4$ 热压等复合材料的研究已取得进展,高温断裂强度可分别达到 750 MPa 和 800 MPa,并已用于制造高性能燃气喷管和导弹喷管。另外,晶须增强陶瓷也被认为是很有希望提高断裂韧性的材料。

3. 碳化硅纤维

碳化硅纤维(Silicon Carbide Fibers)是以有机硅化合物为原料,经纺丝、碳化或气相沉积而制得具有 β-碳化硅结构的无机纤维,属陶瓷纤维类。从形态上分有晶须和连续纤维两种。晶须是一种单晶,碳化硅的晶须直径一般为 0.1 ~2 μm,长度为 20~300 μm,外观是粉末状。连续纤维是碳化硅包覆在钨丝或碳纤维等芯丝上而形成的连续丝或纺丝和热解而得到纯碳化硅长丝。

碳化硅纤维制备工艺复杂,导致成本较高、价格昂贵。主要的制备方法包括:

(1)气相沉积法制备碳化硅纤维

通过高温化学气相沉积将 SiC 沉积在钨丝上形成的。该方法是将钨丝连续通过管式反应器,加热到约 1 300 ℃,在反应器中通入氢气和硅烷的混合气体,一般用质量分数为 70% 的氢和 30% 的硅烷。钨丝直接通电加热或高频加热到约 1 300 ℃,混合气体在热钨丝上反应形成 SiC,最终形成以钨丝为纤芯的碳化硅单丝,其直径为 $100 \sim 140 \ \mu m$。也可以用碳丝作为纤芯制成碳芯碳化硅单丝,其反应为

$$CH_3SiCl_3 \rightarrow SiC + 3HCl$$

在制备过程中只有少量的混合气体生成 SiC,约有 95% 的原始混合气体和生成的 HCl 排出。因此废气回收处理很重要,它既影响碳化硅纤维的生产成本,同时又影响生态环境。

(2) 先驱体法制备碳化硅纤维

先驱体法制碳化硅纤维是日本东北大学金属材料研究所关岛教授研究成功的,其主要工艺流程为:聚碳硅烷合成、聚碳硅烷纺丝、不熔化处理、烧结等阶段。

聚碳硅烷是具有 Si - C 骨架的高分子量化合物。二甲基二氯硅烷在氮气保护下,于二甲苯中由金属钠脱氯制得二甲基硅烷,再在高压和氩气保护下加热到 $450 \sim 470 \ ℃$ 裂解,得到低分子量的聚碳硅烷,将低分子量成分分离或通过脱氢缩聚反应,生成高分子量的聚碳硅烷。当其平均相对分子质量为 1 500 左右时,其纺丝性最好。

调制好的聚碳硅烷在严格控制温度和流量条件下,纺成直径为 $10 \sim 15 \ \mu m$ 的聚碳硅烷丝束,纺成的聚碳硅烷纤维很脆,需进一步处理后才能进行烧结制成碳化硅纤维。为了提高聚硅烷的强度和防止烧结过程中纤维之间相互粘连,需对聚碳硅烷进行不熔化处理,即在 $200 \ ℃$ 热氧化,经过不熔化处理的纤维在保护气氛下经在 $1 \ 200 \sim 1 \ 300 \ ℃$ 烧结形成碳化硅纤维。烧结温度的高低对碳化硅纤维的性能影响很大,当烧结温度升到 $800 \ ℃$ 时,基本上完成了纤维由有机物向无机物的转变,但纤维内部仍处于非晶态;当温度升高到 $1 \ 250 \ ℃$ 左右时 SiC 微晶逐渐形成,碳化硅纤维的强度达到最高值。若烧结温度再升高,晶粒长大纤维强度下降。通过电子显微镜和 X 射线衍射分析发现,碳化硅纤维中存在 $\beta - SiC$ 微晶及少量石墨微晶和 $\alpha -$ 石英微晶,这些微晶大小约为 5 nm。因此,可以认为碳化硅纤维是由 $\beta - SiC$、少量石墨和 $\alpha -$ 石英微晶组成的均匀分散体。

由于碳化硅纤维是由均匀分散的微晶构成,凝聚力很大,应力能沿着致密的粒子界面分散,因此具有优异的力学性能。如日本的 $Nicalon^{TM} - SiC$ 纤维,其直径为 $10 \sim 15 \ \mu m$,拉伸强度为 $2 \ 500 \sim 3 \ 000 \ MPa$,弹性模量为 $180 \sim 200 \ GPa$,断裂伸长率为 1.5%,密度为 $2.55 \ g/cm^3$,热膨胀系数(轴向)为 $3.1 \times 10^{-6}/℃$。

碳化硅纤维具有优异的耐热氧化性能,在 $1 \ 000 \ ℃$ 以下,其力学性能基本没有变化,因此可以长期使用。当在 $1 \ 300 \ ℃$ 以上,由于 $\beta - SiC$ 微晶的增大,使力学性能下降。碳化硅纤维具有良好的耐化学腐蚀性能,在 $80 \ ℃$ 以下耐强酸(HCl、H_2SO_4、HNO_3)用 30% 的 $NaOH$ 侵蚀 20 小时后,纤维仅失重 1% 以下,其力学性能基本不变。在 $1 \ 000 \ ℃$ 以下碳化硅纤维与金属几乎不发生反应,但有很好的浸润性,有益于与金属复合。

碳化硅纤维主要用作耐高温材料和增强材料,耐高温材料包括热屏蔽材料、耐高温输送带、过滤高温气体或熔融金属的滤布等。用作增强材料时,常与碳纤维或玻璃

纤维合用,以增强金属(如铝)和陶瓷为主,如做成喷气式飞机的刹车片、发动机叶片、齿轮箱和机身结构材料等。

4. 氧化铝纤维

以氧化铝为主要纤维组分的陶瓷纤维称为氧化铝纤维,一般将氧化铝质量分数大于 70% 的纤维称为氧化铝纤维,而将氧化铝质量分数小于 70%,其余为二氧化硅和少量杂质的纤维称为硅酸铝纤维。用不同的方法可制成氧化铝的短纤维和长(连续)纤维。

氧化铝短纤维主要用熔喷法和离心甩丝法制造,可批量生产,成本低。

(1) 熔喷法制氧化铝短纤维

该法主要用来大量生产硅酸铝纤维。将一定配比的氧化铝和氧化硅在电炉中熔融(约 2 000 ℃),然后用压缩空气或高温水蒸气将熔体喷吹成细纤维,冷却凝固后成为氧化铝短纤维。这种纤维主要用于加热炉保温和绝热耐火材料。它也可用于增强金属基复合材料。尤其是铝基复合材料,在汽车行业得到广泛应用。

(2) 离心甩丝法制氧化铝短纤维

将熔融的氧化铝陶瓷熔体流落到高速旋转的离心辊上,甩成细纤维。另外,由于氧化铝的熔点很高,因此人们研制用铝盐水溶液与纺丝性能好的聚乙烯醇混合成纺丝液,采用高速气流喷吹纺丝,得到的短纤维再在空气中高温烧结成氧化铝质量分数 95% 的氧化铝短纤维。这种纤维可耐 1 600 ℃ 的高温,适于增强铝基复合材料。

氧化铝连续纤维的制备方法有烧结法、先驱体法和熔融纺丝法。

(1) 烧结法

以 Al_2O_3 细粉(<0.5 μm)与 $Al(OH)_3$ 及少量 $Mg(OH)_2$ 混合成一定黏度的纺丝料进行干法纺丝,纺成的丝在 1000 ℃ 以上高温烧结成 Al_2O_3 纤维,为减少表面缺陷,常在纤维表面涂覆一层 0.1 μm 的 SiO_2 涂层,也可明显提高 Al_2O_3 纤维的强度。

(2) 先驱体法

将烷基铝或烷氧基铝等与水进行水解缩合为聚铝氧烷,再与有机聚合物混合制成浆液,用干法纺丝后,在空气中逐步加热,形成 α - Al_2O_3 纤维。

(3) 熔融法

将 Al_2O_3 在坩埚中加热熔化,一般加热到 2 400 ℃ 左右,熔融的氧化铝通过喷丝板,以一定的速率拉出,冷却凝固形成直径为 50~500 μm 的氧化铝连续纤维。此法得到的纤维含 Al_2O_3 成分高,耐高温性能和力学性能好,但由于其直径较粗,应用受到限制。

氧化铝纤维是多晶 Al_2O_3 纤维,用做增强材料,具有优异的机械强度和耐热性能,直到 1 370 ℃ 其强度仍下降不大。各种氧化铝纤维的成分和性能如表 2.6 所列。氧化铝纤维的强度和其他性能主要取决于它的微观结构,如纤维的气孔、瑕疵及晶粒的大小等对纤维的性能有显著的影响,而纤维的显微结构主要取决于纤维的制备方法和工艺过程。

表 2.6　氧化铝纤维的成分和性能

牌　号	纤维直径/μm	密度/($g \cdot cm^{-3}$)	拉伸强度/MPa	拉伸模量/GPa
Nextel 312	10～12	2.7～29	1 750	157
Nextel 440	10～12	3.5	2 100	189
Nextel 480	10～12	3.05	2 275	224
FP	20	3.9	1 373	382
PRI 166	20	4.2	2 100～2 450	385
TYC	250	3.99	2 400	460

氧化铝纤维的抗拉伸强度大,弹性模量高,化学性质稳定,耐高温,多用于高温结构材料,特别是在航空、宇航空间技术方面有广泛的应用前景,也可用做高温绝缘滤波器材料。

5. 氮化硅纤维

氮化硅纤维也是一种陶瓷纤维。取二甲基二氯硅烷与甲基二氯硅烷,按一定比例混合进行氨解,再经提高分子量的途径,获得纺丝性能的聚氮硅烷,经纺丝,不熔化处理,再在 1 200 ℃左右高温处理,得到性能优异的氮化硅纤维。其直径为 10～15 μm,拉伸强度为 1.5～3.0 GPa,弹性模量为 120～260 GPa。

氮化硅纤维有类似于碳化硅纤维的力学性能,因而有相似的应用领城。氮化硅纤维耐化学腐蚀,其绝缘性能优异,是高性能复合材料的理想增强材料,是制造航空、航天、汽车发动机等高温部件最好的候选材料,有着广阔的应用前景。

2.2　织　　物

织物由经向纤维和纬向纤维编制而成,分为平纹布和缎纹布。平纹布布形稳定、不易弯折。缎纹布按不同织法有 4 综缎、5 综缎、8 综缎和 12 综缎等,且各有其特点,如 8 综缎编织布体现了单向带的特点,整体性好,容易铺覆成较复杂形状的构件。

采用织物作为增强材料具有以下特点:

① 纤维编织提高了止裂作用,使织物有较高的损伤容限性能,还可提高机械连接强度。

② 改善工艺性,易裁剪,铺覆容易,可减少手工劳动量,提高工作效率,构件质量易控制。

③ 可根据需要选用混杂编织物以满足构件设计性能要求。但是,编织布使纤维扭结,降低了承载能力;同时,编织布增加了织布工艺过程,价格会有所提高。

④ 可提高制件的层间性能。

⑤ 拼接时织布必须具有一段重叠铺贴。

2.3　夹芯材料

夹芯结构是复合材料结构经常采用的结构形式之一。蜂窝芯材是夹芯结构中最常用的夹心介质。蜂窝是一种轻质的结构材料，其质量的可设计范围较宽，只要改变蜂窝格子的大小、壁厚和浸渍树脂的含量，即可获得不同密度和不同性能的蜂窝芯材。

2.3.1　蜂窝类型

在飞机上使用的蜂窝芯材按材料类型分为：纸蜂窝、玻璃纤维蜂窝、碳纤维蜂窝和铝蜂窝。

按蜂窝格子的形状通常分为正六角形蜂窝、过拉伸蜂窝和柔性蜂窝。

2.3.2　典型蜂窝芯材特点

（1）芳纶（Nomex）313/酚醛纸蜂窝特点

①在低密度状态下有较高的强度；

②可制成低密度的小格子蜂窝；

③易成形；

④阻燃（自燃性）；

⑤耐水和耐腐蚀性好；

⑥很好的介电性；

⑦与面板的粘结性好；

⑧隔热、绝缘性好；

⑨可制成标准六角形格子、过拉伸形格子和特殊型格子的蜂窝。

（2）玻璃纤维/酚醛蜂窝特点

①剪切性能高（±45°纤维方向）

②较好的弯曲性、抗损伤性和加工性；

③使用温度可达177 ℃（短期工作温度可更高）；

④噪声敏感度低；

⑤烟雾扩散率低；

⑥可制成标准六角形格子和过拉伸型格子蜂窝。

（3）玻璃纤维/聚酰亚胺蜂窝特点

①使用温度高，可达260 ℃；

②316 ℃下可短期和中期曝露；

③与聚酰亚胺胶黏剂、泡沫和预浸料都能相融；

④良好的电绝缘性和良好的隔热、隔声性。

（4）碳纤维/酚醛蜂窝特点

①具有最高强度的和模量的非金属蜂窝；

②在 177 ℃下连续使用可保持高的强度；

③噪声敏感性低；

④很好的热稳定性；

⑤热膨胀系数很低；

⑥与碳纤维面板不产生腐蚀；

⑦仅适用于标准六角形格子；

⑧适用于热塑性树脂。

2.4　基体材料

复合材料的基体材料（Matrix Material）是复合材料中的连续相，起到将增强体粘结成整体，并赋予复合材料一定的形状，传递载荷，保护增强体免受外界环境侵蚀的作用。飞机复合材料所用的基体材料主要有聚合物和金属两大类。

2.4.1　聚合物基体

聚合物材料又称高分子材料，是以高分子化合物为基本组分，配以添加剂，经加工而成的有机合成材料。聚合物材料具有密度小、比强度高、耐腐蚀、电绝缘和可塑性好等优良性能。复合材料构件成型时聚合物基体参与化学反应，因此，基体固化工艺决定了构件成型工艺参数。基体作为纤维的支撑和保护，并传递载荷，其性能对复合材料与基体相关的力学物理性能（如横向力学性能、压缩性能、韧性和耐湿热性能、热膨胀系数等）有决定性的影响。复合材料聚合物体系按韧性性能（通常按 NASA RP 1142 标准测得冲击后压缩强度（CAI）来表征）大致可划分为下列几类：脆性树脂（CAI 低于 138 MPa）/改性树脂（CAI 为 138～192 MPa）、韧性树脂（CAI 为 193～255 MPa）和高韧性树脂（CAI 高于 255 MPa）。树脂基体的分类见图 2.1。在树脂基体中热固性树脂占统治地位，国内先进复合材料初期以酚醛环氧树脂为主（如环氧树脂 4211）。早期为提高使用温度，采用氨基四官能团环氧树脂（如 Narmco3501，3506），20 世纪 80 年代中后期，使用温度更高的双马来酰亚胺（如 Narmco5245C，5250－4）得到开发应用。与此同时，高性能环氧树脂（如 977）有了长足的发展，热塑性树脂（如 PEEK）的加工工艺与尺寸稳定性能也有了相当好的改进，因而在飞机上获得少量应用。热固性树脂体系概况如表 2.7 所列，部分国内树脂基体的性能如表 2.8 所列。

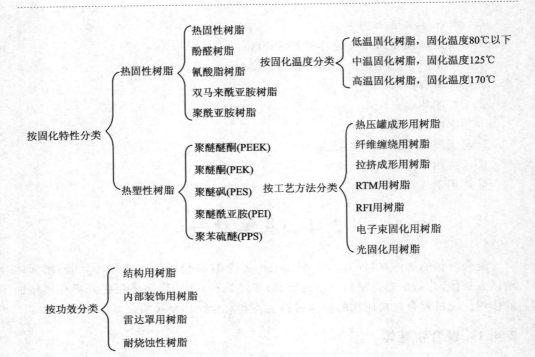

图 2.1　树脂基体的分类

表 2.7　热固性树脂体系概况

树脂类型	树脂体系牌号		最高使用温度/℃	备 注
	国 外	国 内		
基准环氧树脂	5208 3501－6 3502 934	5222	120	综合结构特性好,应用最早、工艺性好、耐湿热;脆性,抗冲击损伤能力差;180 ℃,2h 固化
改性环氧树脂	913C	3234 HD58 NY9200Z	80	韧性提高,但湿热性能一般,工艺性优良;120 ℃,2 h 固化
	914C	HD08 NY9200G 5224	120～130	韧性和工艺性优良,耐湿热性能好;180 ℃,2h 固化(914C 需后处理)
韧性环氧树脂	8552 R6376	5228	120～130	韧性和工艺性优良,CAI(冲击后压缩强度)大于193 MPa

树脂类型	树脂体系牌号		最高使用温度/℃	备　注
	国　外	国　内		
高韧性环氧树脂	977－2 977－3	5288 BA9912	120～130	高韧性,CAI(冲击后压缩强度)大于 256 MPa;180 ℃,2 h 固化
	8551－7 3900－2 977－1	—	120～130	超高韧性,CAI(冲击后压缩强度)大于 300 MPa。满足波音 BMS－8－276 标准;180 ℃,2 h 固化
RTM 专用环氧树脂	PR 500	—	175	黏度低(室温下为 180～200 P)中低温固化,固化收缩率小,工艺性好,150 ℃下压注,黏度 60～100cP,175 ℃固化,储存期室温 6 个月
改性双马树脂	V378A 5245C 5250－2	5405 QY8911	130～150	韧性和工艺性好,耐高温;185～190 ℃,2 h 固化,200～230 ℃,2 h 后处理
韧性双马树脂	5250－4 15260	QY8911－Ⅲ QY9511 5428 5429	150～170	改善了树脂韧性,有较高的抗冲击损伤能力
耐高温双马树脂	5270	QY8911－Ⅱ	230	耐湿热,后处理温度高,时间长
RTM 专用双马树脂	5250－4	QY8911－Ⅳ 6421	130	—
RFI 专用双马树脂	—	QY9512	—	—
聚酰亚胺树脂	PMR－15	KH304 BMP316 IP－15	280～315	使用温度高,工艺性较差

表 2.8　部分国内树脂基体性能

| 性　能 | 5405 | QY 8911 | | | | QY9511 | 5428 | 5429 | 6421 |
		－Ⅰ	－Ⅱ	－Ⅲ	－Ⅳ				
密度/(g·cm⁻³)	1.25	1.24	1.25	1.24	—	1.24	1.26	1.25	1.21
玻 璃 化 转 变 温度/℃	220	256	286	250	263	268	238	223	304
吸湿量/%	1.9	2.8	2.78	1.9	—	2.1	3.5	3.2	2.89
拉伸强度/MPa	77	65.6	71	85	81	100	78	76	79
拉伸模量/GPa	3.45	3.0	3.1	3.6	4.5	4.2	3.5	3.3	3.97
拉伸断裂应变/%	2.7	2.2	2.3	3.0	2.2	3.7	3.0	3.5	2.25
压缩强度/MPa	—	224	231	211	221	196			
压缩模量/GPa	—	4.8	4.9	3.9	4.6	3.9			
弯曲强度/MPa	176	131	149	133	119	132	150		130
弯曲模量/GPa	—	4.5	4.1	4.0	4.2	4.7	3.5		4.25
断裂韧性/(J·m⁻²)	243	332	389	542	411	675			

1. 聚合物基体的种类、组分和作用

（1）聚合物基体的种类

随着对飞机结构用树脂基体的研究和开发的进一步深入，树脂基体的类型和品种日益增多，其分类方法也甚多。

按固化特性可分为热固性树脂和热塑性树脂，其中热固性树脂有环氧树脂、酚醛树脂、聚酰亚胺树脂和双马来酰亚胺树脂（BMI）等，热塑性树脂有聚醚醚酮树脂（PEEK）、聚醚砜树脂（PES）、聚苯硫醚树脂（PSS）和聚砜树脂等。

按固化温度可分为低温固化树脂（固化温度在 80 ℃以下）、中温固化树脂（固化温度在 125 ℃以下）和高温固化树脂（固化温度在 170 ℃以下）。

按用途可分为结构用树脂、内装饰用树脂、雷达罩用树脂和耐烧蚀性（或阻燃性）树脂等。

按加工工艺可分为热压罐成型用树脂，树脂转移成型（RTM）专用树脂、树脂模熔浸（RFI）专用树脂、纤维缠绕用树脂、拉压和模压用树脂与低温低压固化（LTM）树脂等。

各类树脂基体的使用温度范围，如表 2.9 所列。

（2）聚合物基体的组分

聚合物基体的组分、组分的作用及组分间的关系都是很复杂的。聚合物是聚合物基复合树脂的主要组分。一般来说，基体很少是单一的聚合物，往往除了主要组分——聚合物以外，还包含其他辅助材料，如固化剂、增韧剂、稀释剂，催化剂等，这些辅助材料是复合材料基体不可缺少的组分。由于这些组分的加入,复合材料具有了各种各样的性能,从而改进了加工的工艺性,降低了成本,扩大了应用范围。

表 2.9　各类树脂基体的使用温度范围

树脂基体	热固性树脂				
	环氧		双马来酰亚胺	聚酰亚胺	酚醛
	120 ℃固化	180 ℃固化			
使用温度/℃	−55～82	−55～105 −55～120	−60～177 −60～232	−60～250 短期达 315	−55～140 −55～177 −55～260
树脂基体	热塑性树脂				
	聚醚醚酮		聚苯硫醚	聚醚砜	聚砜
使用温度/℃	250		200	180	170

（3）聚合物基体的作用

聚合物基复合材料中的基体有三种主要作用,即将纤维粘在一起、分配纤维间的载荷和保护纤维不受环境影响。

制造基体理想材料的原始状态应该是低黏度的液体,并能迅速变成坚固持久的固体,足以将增强纤维粘住。尽管纤维增强材料的作用是承受复合材料的载荷,但是基体的力学性能会显著地影响纤维的工作方式和效率。例如,在没有基体的纤维丝束中,大部分载荷由最直的纤维承受;而在复合材料中,由于基体使得所有纤维经受同样的应变,应力通过剪切过程传递,基体使得应力较均匀地分配给所有纤维,这就要求纤维与基体之间有高胶接强度,同时要求基体本身要有高剪切强度和模量。

在纤维的垂直方向,复合材料的物理性能由基体的力学性能和纤维与基体的胶接强度决定。由于基体比纤维弱得多,而柔性却大得多,所以,在复合材料结构设计中,应尽量避免基体横向受载。

基体以及基体/纤维的相互作用能明显地影响裂纹在复合材料中的扩展。若基体的剪切强度和模量以及基体/纤维的胶接强度过高,则裂纹可以穿过纤维和基体扩展而不转向,从而使这种复合材料的性能表现为脆性材料,其破坏试件的断口将呈现出整齐的断面;若胶接强度过低,则其纤维将类似于纤维束,这种复合材料将很弱;对于中等胶接强度的复合材料,横跨树脂或纤维的裂纹将在界面转向,并且沿纤维的方向扩展,这就可以吸收相当多的能量,阻碍裂纹的扩展,表现为韧性材料。

2. 热固性树脂基体

热固性树脂(Thermosetting Plastic)是由某些低分子的合成树脂(固态或液态)在加热、固化剂或紫外光等作用下,发生交联反应并经过凝胶化阶段和固化阶段形成不熔、不溶的固体材料。热固性树脂耐温性较高,尺寸稳定性也好,但是,它一旦固化变硬,加热则不会使它软化,即使加热至燃烧也不会使它软化变回液态,因而热固性树脂一旦成型后就无法重复加工成型。

热固性树脂在初始阶段流动性很好,容易浸透增强体,同时工艺过程也比较容易控制。因此,此类复合材料成为当前的主要品种。热固性树脂早期有酚醛树脂,随后有不饱和聚酯树脂和环氧树脂,近年来又发展了性能更好的双马树脂和聚酰亚胺树脂。这些树脂几乎适合于各种类型的增强体。

(1) 环氧树脂(Epoxy Resin)

环氧树脂是最早用于飞机结构的树脂基。它的特点是材料品种多,不同的固化剂和促进剂可获得从室温到 180 ℃的固化温度范围,与各种纤维匹配性好、耐湿热、韧性优良、工艺性优良(铺覆性好、树脂粘度适中、流动性好、加压带宽等)、适合大构件整体共固化形成、价格便宜。增韧性环氧树脂具有良好的成型工艺性和优异的韧性,在先进复合材料的树脂基体中占有重要地位。但是,环氧树脂的使用温度相对较低,而且具有一定的吸湿性,这使得其在具有较高温度、湿度的航空结构中的应用受到限制。

环氧的种类很多,适合作为复合材料基体的有双酚 A 环氧树脂、多官能团环氧树脂和酚醛环氧树脂三种。其中多官能团环氧树脂的玻璃化温度较高,因而耐温性能好;酚醛环氧树脂固化后的交联密度大,因而力学性能较好。环氧树脂与增强体的粘结力强,固化时收缩少,基本上不放出低分子挥发物,因而尺寸稳定性好。但环氧树脂的耐温性不仅取决于本身的结构,在很大程度上还依赖于使用的固化剂和固化条件。例如,用脂肪族多元胺作为固化剂可低温固化,但耐温性很差;如果用芳香族多元胺和酸酐作固化剂,并在高温下固化(100~150 ℃)和后固化(150~250 ℃),则最高可耐 250 ℃的温度。实际上,环氧树脂基复合材料可在-55~177 ℃范围内使用,耐湿热性能较好,增韧环氧的韧性好,CAI 值(冲击后压缩强度)可高达 300 MPa以上;与各种纤维的匹配性好,成型工艺优良;机械加工性、制孔、切削性良好并有很好的耐化学腐蚀性和电绝缘性。

(2) 聚酰亚胺树脂(API)

聚酰亚胺聚合物有热固性和热塑性两种,均可作为复合材料基体。在目前应用的各种树脂中,热固性聚酰亚胺树脂的耐高温性能最好,具有"耐高温树脂"之称。热固性聚酰亚胺树脂可在 250~300 ℃长期使用,350 ℃短期使用,耐辐射、电性能较好,已在航空领域的耐高温部位得到了推广应用。但其成型温度与成型压力高,韧性差、质脆,给制件成型带来困难。聚酰亚胺复合材料适合制作耐热的结构材料,如发动机尾喷口区域的热端零件等。其中美国于 20 世纪 70 年代研制的 PMR 型聚酰亚胺树脂具有强度高、耐温性好、固化成型工艺简单等特点,适于热压罐成型大型结构件,已经成功地应用于先进航空发动机外涵道、导向叶片、风扇的静子部分等部位。我国的 KH304 和 BMP316 型聚酰亚胺树脂已用于航空发动机外涵道,LP-15 已用于航空发动机分流环。

（3）酚醛树脂（Phenolic Resin）

酚醛树脂是以酚类化合物、醛类化合物作原料，在催化剂的作用下缩聚而成的高分子化合物，其中以苯酚和甲醛缩聚的酚醛树脂最为常用。酚醛树脂大体分为热固性和热塑性两大类。热固性酚醛树脂是由苯酚在碱性条件下与过量的甲醛发生反应合成；热塑性酚醛树脂是苯酚在酸性条件下与少量的甲醛反应合成。酚醛树脂具有良好的粘结性，固化后耐热性和介电性能都很好，酚醛树脂复合材料有较高的力学性能。突出的特点是阻燃性能优异，热释放速率低、烟密度小、燃烧时释放的气体毒性小。另外，还具有固化速度快、原材料来源广、价格较低等优点，但是较脆。普通酚醛树脂在 200 ℃ 以下能够长期稳定使用。工艺性能好，可采用模压、缠绕、手糊、喷射、拉挤、片状模塑料（SMC）/固状模塑料（BMC）工艺制造复合材料构件。民用飞机机内装饰材料大量使用酚醛树脂基复合材料。

（4）双马来酰亚胺树脂（BMI）

双马来酰亚胺树脂（简称双马树脂，BMI），是为了适应新型战斗机对复合材料树脂基体的要求而研制开发的。战斗机的使用要求包括：在 130～150 ℃ 湿热环境条件下，具有较高的强度、刚度保持率；具有良好的抗冲击损伤能力；优越的工艺性能，并能适用于大型构件与复杂型面构件的制造等。

与环氧树脂相比，双马来酰亚胺树脂，使用温度高，耐湿热性能优越；但不足之处是工艺性不如环氧树脂，预浸料的铺覆性和粘性差一些，固化温度高（185 ℃ 开始固化并要求 200～230 ℃ 后处理）；固化时间长，总计达 6 h 以上；储存期短，室温下储存期一般只有 15～21 天。此外，双马来酰亚胺树脂基体复合材料易发生分层。

3．热塑性树脂基体

与固热性树脂相比，热塑性树脂具有施工快、周期短、可以重复使用、存储期长、容易修理、力学性能优良、韧性好、抗冲击和耐湿热等优点，目前飞机结构应用有限，主要原因是原材料成本高、预浸料粘性与铺覆性差，成型温度高达 350～450 ℃，生产经验不足。可以作复合材料的热塑性聚合物品种很多，包括各种通用塑料（例如聚丙烯、聚氯乙烯等），工程塑料（例如尼龙、聚碳酸酯等）和特种高温聚合物（例如聚醚醚酮、聚醚砜和杂环类聚合物等）。碳纤维、聚醚醚酮（PEEK）无纺布（APC‐2 英国帝国化学工业集团（ICI）是目前应用较多的预浸料品牌。其他部分热塑性树脂热塑性性能见表 2.10。

表 2.10　主要高性能热塑性树脂

树脂名称	玻璃化转变温度/℃	熔融温度/℃	施工温度/℃
聚醚醚酮 PEEK	143	343	360～400
聚醚酮 PEK	165	365	400～450
聚醚砜 PES	260	360	400～450
聚醚酰亚胺 PEI	270	380	380～420
聚苯硫醚 PPS	85	285	330

（1）聚醚醚酮树脂

聚醚醚酮（PEEK）是一种半结晶性热塑性树脂，其玻璃化转变温度为 143 ℃，熔点为 343 ℃，结晶度一般为 20%～40%，最大结晶度为 48%。

聚醚醚酮具有优异的力学性能和耐热性。以聚醚醚酮为基体的复合材料可在 250 ℃ 的高温下长期使用。在室温下，聚醚醚酮的模量与环氧树脂相当，强度优于环氧树脂，而断裂韧性极高（比环氧树脂还高一个数量级以上）。聚醚醚酮树脂耐化学腐蚀性与环氧树脂相当，但吸湿性比环氧树脂低得多，聚醚醚酮耐绝大多数有机溶剂和弱碱，除液体氢氟酸、浓硫酸等个别强酸外，它不为任何溶剂所溶解。此外，聚醚醚酮还具有优异的阻燃性、极低的发烟率和有毒气体释放率以及极好的耐辐射性。

聚醚醚酮基复合材料因其优异的性能，已经在飞机结构中大量使用。碳纤维增强聚醚醚酮单向预浸料的耐疲劳性超过环氧/碳纤维复合材料，耐冲击性好，在室温下，具有良好的抗蠕变性，层间断裂韧性很高（大于或等于 1.8 kJ/m^2）。

（2）聚苯硫醚树脂

聚苯硫醚（PPS）是一种新型高性能热塑性树脂，也是一种综合性能优异的特种工程塑料。聚苯硫醚具有优良的耐高温、耐腐蚀、耐辐射、阻燃、均衡的物理机械性能和极好的尺寸稳定性以及优良的电性能等特点，被广泛用作结构性高分子材料，通过填充、改性后广泛用作特种工程塑料。同时，还可制成各种功能性的薄膜、涂层和复合材料，在电子电器、航空航天、汽车运输等领域获得成功应用。

聚苯硫醚的熔体黏度低，易于通过预浸料、层压制成复合材料。但是，在高温下长期使用，聚苯硫醚会被空气中的氧氧化而发生交联反应，结晶度降低，甚至失去热塑性。

（3）聚醚酰亚胺树脂

聚醚酰亚胺（PEI）是一种非晶体型高性能热塑性树脂，其密度为 $1.28～1.42 \text{ g/cm}^3$。聚醚酰亚胺树脂具有优良的机械强度、电绝缘性能、耐辐射性、耐高低温及耐疲劳性能和成型加工性。聚醚酰亚胺树脂在高温下具有高强度、高刚性、耐磨性和尺寸稳定性，其热变形温度为 198～218 ℃，可在 160～180 ℃ 下长期使用，允许间歇最高使用温度为 200 ℃。

聚醚酰亚胺具有很宽范围的耐化学性，包括耐多数碳氢化合物、醇类和所有卤化溶剂；也可耐无机酸和短期耐弱碱。

聚醚酰亚胺因其优良的综合平衡性能，卓有成效地应用于电子、电机和航空等工业部门，并用作传统产品和文化生活用品的金属代用材料。

在电器、电子工业部门，聚醚酰亚胺材料制造的零部件获得了广泛的应用，包括强度高和尺寸稳定的连接件、普通和微型继电器外壳、电路板、线圈、软性电路、反射镜、高精度密光纤元件。特别引人注目的是，用它取代金属制造光纤连接器，可使元件结构最佳化，简化其制造和装配步骤，保持更精确的尺寸，从而保证最终产品的成本降低约 40%。

聚醚酰亚胺符合 FAA 对飞机内饰件阻燃性和热释放性等的要求,既可以制成板材也可以加工成纤维布,广泛应用于飞机内饰件上。如耐冲击性板材 Ultem1613 用于制飞机的各种零部件,如舷窗、座椅靠背、内壁板、门覆盖层以及供乘客使用的各种物件。聚醚酰亚胺和碳纤维组成的复合材料已用于最新直升飞机各种部件的结构。聚醚酰亚胺泡沫塑料,还可用作绝热和隔音材料。

（4）聚醚砜树脂

聚醚砜是一种非晶聚合物,其玻璃化转变温度高达 225 ℃,可在 180 ℃ 温度下长期使用,在 −100～200 ℃ 温度区间内,模量变化很小,特别是在 100 ℃ 以上时比其他热塑性树脂都好;耐 150 ℃ 蒸汽、耐酸碱和油类,但可被浓硝酸、浓硫酸、卤代烃等腐蚀或溶解,在酮类溶剂中开裂。聚醚砜基复合材料通常用溶液预浸或膜层叠技术制造。由于聚醚砜的耐溶剂性差,限制了其在飞机结构等领域的应用,但聚醚砜基复合材料在电子产品、雷达天线罩等方面得到了大量的应用。

（5）热塑性聚酰亚胺

热塑性聚酰亚胺是一种类似于聚醚砜的热塑性聚合物。长期使用温度为 180 ℃,具有良好的耐热性、尺寸稳定性、耐腐蚀性、耐水解性和加工工艺性,可溶于卤代烷等溶剂中。多用于电子产品和汽车领域。

2.4.2　金属基体

飞机结构用金属基复合材料的基体可分为轻金属基体和耐热合金基体两大类。轻金属基体主要包括铝基和镁基复合材料,使用温度在 450 ℃ 左右。钛合金及其钛铝金属间化合物作基体的复合材料,具有良好的高温强度和室温断裂性能,同时具有良好的抗氧化、抗蠕变、耐疲劳和高温力学性能,适合作为航空航天发动机中的热结构材料,工作温度在 650 ℃ 左右,而镍、钴基复合材料可在 1 200 ℃ 使用。

以金属作为基体材料的金属基复合材料与有机基复合材料相比,其有更高的强度、刚度和韧性,可承受更高的温度,良好的导热性和导电性,防燃、不吸潮,可采用常规金属的连接技术等优点。

（1）用于 450 ℃ 以下的金属基体

目前研究发展最成熟、应用最广泛的金属复合材料是铝基和镁基复合材料,可用于航天飞机、人造卫星、空间站、汽车发动机零件等,并已形成工业规模化生产。连续纤维增强金属基复合材料选用纯铝或合金元素少的单相铝合金,而颗粒、晶须增强金属基复合材料则选用具有高强度的铝合金。

（2）用于 450～700 ℃ 的金属基体

钛合金具有密度小、耐腐蚀、耐氧化、强度高等特点,可以在 450～650 ℃ 温度下使用,用于制作航空发动机中的零件。采用高性能碳化硅纤维、碳化钛纤维、硼化钛颗粒增强钛合金,可以获得更高的高温性能。美国已成功地试制成碳化硅纤维增强钛基复合材料,用它制成的叶片和传动轴等零件可用于高性能航空发动机。

（3）用于 1 000 ℃以上的金属基体

用于 1 000 ℃以上的高温金属基复合材料的基体材料主要是镍基、钛基耐热合金和金属间化合物，较成熟的是镍基、钛基高温合金。

金属间化合物具有特殊的物理化学性质和力学性质，且种类很多，Ti-Al、Ni-Al、Fe-Al 等含铝金属间化合物已逐步达到实际应用水平，有望在航空航天、交通运输、化工、兵器机械等工业中应用。

镍基高温合金是广泛应用于各种燃气轮机的重要材料。用钨丝、钍钨丝增强镍基合金可以大幅提高其高温持久性能和高温蠕变性能，一般可提高 100 h 持久强度 1～3 倍，主要用于高性能航空发动机的叶片等重要零件。

2.5　预浸料

预浸料是将定向排列的纤维束或织物浸涂树脂基体，并通过一定的处理后，存储备用的中间材料。制备预浸料的目的在于控制复合材料结构厚度并满足设计规定的树脂/纤维分布。结构件制造中，将一层层预浸料铺放在成型模具上，然后封装固化制成高质量的成品。复合材料的可设计性正是通过调整预浸料的厚度、纤维的取向及其铺放顺序而实现的。预浸料在复合材料结构设计制造过程中占有重要位置。部分国产预浸料的物理性能在表 2.11 中给出。

表 2.11　部分国产预浸料的物理性能

材料体系	挥发分含量/%	树脂含量/%	单位面积纤维含量/(g·m^{-2})	固化后单层厚度/mm	凝胶时间/min	-18℃储存期/月	室温储存期/天
HT 3/QY8911	≤2.0	40±3	132±5	0.120±0.001	10～15(150℃)	12	30
HT 3/QY8911-Ⅱ	≤2.0	40±3	132±4	0.120±0.001	15～40(150℃)	—	>30
HT 3/QY 8911-Ⅲ	≤2.0	—	132±4	0.120±0.001	15～40(150℃)	—	—
HT 3/QY 9511	≤2.0	40±3	132±4	0.120±0.001	15～30(150℃)	—	—
HT 8/QY 9511	≤2.0	40±3	120±5	0.120±0.001	15～30(150℃)	—	—
HT 3/5405	≤2.0	40±3	130±5	—	22	12	21
HT 3/5428	≤2.0	36±4	135±4	0.120±0.001	35～45(150℃)	12	—
HT 7/5428	≤2.0	36±4	135±4	0.120±0.001	35～45(150℃)	—	—
HT 3/3234	≤2.0	35±3	135±4	0.120±0.001	35～45(150℃)	12	—
HT 3/3234	≤2.0	35±3	130±5	0.120±0.001	8～14(125℃)	12	—
HT 3/5224	≤2.0	35±3	135±5	0.120±0.001	5～30(180℃)	12	60

材料体系	挥发分含量/%	树脂含量/%	单位面积纤维含量/(g·m⁻²)	固化后单层厚度/mm	凝胶时间/min	−18℃储存期/月	室温储存期/天
HT 3/5228	≤2.0	35±3	130±5	0.120±0.001	22±5(180℃)	12	60
HT 8/5228	≤2.0	35±3	138±5	0.120±0.001	22±5(180℃)	12	30
HT 3/NY 9200G	≤2.0	40±3	140±3	0.125±0.006	30～65	6	21
HT 3/NY 9200Z	≤2.0	40±3	140±3	0.125±0.013	30～40	6	21

预浸料质量直接关系到复合材料构件的质量,其性能要求如下:

①预浸料中树脂状态与化学性质应符合其对应树脂体系的技术要求(包括分子量及其分布、凝胶时间和固化条件等);

②存放过程中树脂的流出量、黏性和可修复性应满足使用要求;

③在预浸料中,纤维准直度和边缘直线度在 1 m 长度内偏差均不得超过 1 mm;

④树脂含量公差为±2%。

预浸料的物理性能应给出下列指标:预浸料规格(宽度和长度)、挥发分含量、树脂含量、凝胶时间、单位面积密度、树脂流出量、固化单层厚度以及储存期。

2.5.1　预浸料的分类

预浸料(PrePreg/Pre-Impregnated Materials)按照纤维的排列形式,分为单向预浸料和编织预浸料。单向预浸料是靠树脂将纤维粘结成片状的一种中间材料,它只含有经向纤维或含有低于 10% 的纬向纤维。这种预浸料固化后的单层厚度有0.125 mm 和 0.150 mm 两种。

编织预浸料是先将纤维按一定比例分配为经向和纬向,并编织成不同的织物形式,然后再在织物上浸涂树脂而制成。编织预浸料有良好的铺叠性,有利于复杂构件的成型,并能提高机械连接处的挤压强度。编织预浸料的厚度一般大于单向预浸料的厚度。

2.5.2　预浸料的特点

预浸料的品种和性能由树脂基体和纤维的类型确定。预浸料的规格则由其宽度、树脂含量和单位面积的纤维质量确定。根据树脂的粘黏和流动的状态,树脂分为三个阶段,“A”阶段、“B”阶段和“C”阶段。“A”阶段的树脂处于流动性好,可涂抹且粘黏性能良好。“B”阶段的树脂处于半干状态且粘黏性能良好。“C”阶段的树脂处于固化状态,失去粘黏性能。预浸料的树脂处于 B 阶段。预浸料常以卷材和板材形式密封于聚乙烯塑料袋内,低温运输和贮存。低温贮存是为了保持预浸料处于“B”阶段。预浸料的通用规格如表 2.12 所列。

预浸料还具有以下主要特点：

①预浸料的原材料、产品均经过严格的质量控制,产品性能稳定、质量可靠;

②树脂基体和纤维的比例可以调节,树脂和纤维的含量容易控制,能充分利用各向异性的特点进行铺层设计;

③易制成孔隙含量低,高品质的复合材料;

④制造过程易于实现工业自动化,改善了生产环境;

⑤要保持在低温条件(−25～−18 ℃)下进行运输和贮存;

⑥对树脂的选择有一定的范围,价格较高。

表 2.12　预浸料的通用规格

单向预浸料	宽度/mm	75	150	300	600	1 200	1 500
	长度/m	100～250					
编织预浸料	宽度/mm	300	900	1 000	1 200	1 500	
	长度/m	50～100					

2.5.3　预浸料的制备方法

1. 湿法制备预浸料

用溶液状态的树脂浸渍纤维制备预浸料(半固化片)的方法称为湿法。采用湿法制备预浸料时,树脂含量与溶液浓度、纤维张力、在溶液中停留的时间、溶液对纤维的浸润能力以及纤维是否加捻等因素有关。湿法操作简便,但树脂含量一般难以精确控制。

2. 干法制备预浸料

树脂以无溶剂或低溶剂状态与纤维接触制备预浸料的方法称为干法。将热熔状态的树脂涂在分离纸上,形成一层薄薄的树脂膜,待树脂膜厚度均匀化后就与被加热的平行排列的纤维束相遇,在滚压机的压力作用下,就形成了预浸料。用干法制备预浸料时,树脂含量可以精确控制,能制备胶含量低的预浸料,从而省去了消耗性的排胶和吸胶等辅助材料。此外,由于树脂中不含溶剂或含少量溶剂,从而避免造成复合材料层间剪切强度下降的隐患。

3. 分离纸

预浸料表面通常有一层分离纸。分离纸的作用是防止预浸料被污染,又可为在预浸料上划线以利于剪裁提供方便。分离纸还可防止单向预浸料横向开裂。

分离纸应易于与预浸料分离,且不与树脂发生化学反应或污染树脂;在环境温度、湿度发生变化时,分离纸的长度、宽度都应保持不变,以免预浸料起皱;分离纸应有足够的致密度,防止水分进入预浸料中;分离纸的伸长率应与纤维的伸长率保持一致,以免受牵引时预浸料变形或扭曲;分离纸的厚度和单位面积的质量应均匀一致,否则,预浸料中树脂的含量就不易精确控制。

2.6　胶黏剂

　　结构胶黏剂一般以热固性树脂为基料,以热塑性树脂或弹性体作为增韧剂,配固化剂等组成,有时还加有填料、溶剂、稀释剂、偶联剂、固化促进剂、抑制腐蚀剂和抗热氧化剂等。胶黏剂的性能主要取决于这些组分的结构、配比及其相容性。

　　早在 20 世纪 50 年代末期,国外就已开始把环氧树脂胶黏剂应用到航空航天产品的结构中,主要是以胶膜的形式用于航空结构的钣金结构、蜂窝夹芯结构和复合材料结构的胶结。我国航空胶结结构中的胶黏剂也主要采用胶膜形式。在生产中采用胶膜施工方便,胶结缺陷的控制比使用胶液容易。

　　复合材料结构用胶黏剂应满足以下基本要求:

　　①应能提供符合技术要求的胶接强度,主要是剪切强度和剥离强度;

　　②具有良好的耐热性、耐氧化稳定性、耐介质性和抗疲劳性;

　　③具有良好的工艺性。这包括对被胶接表面的低敏感性,用于蜂窝结构共固化时的低压可成型性,较长的施工期和贮存期,以及适中的、便于浸渍蜂窝的流动性等;

　　④具有良好的与其他材料(如防腐蚀底胶、泡沫胶、填充料等)的相容性。

2.6.1　胶黏剂类型

　　(1) 按应力-应变特性分类

　　胶黏剂按应力-应变特性可分为韧性胶黏剂和脆性胶黏剂(见图 2.2)。

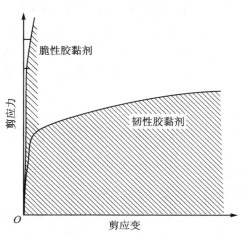

图 2.2　胶黏剂应力-应变特性示意图

　　通常脆性胶黏剂的剪切强度高于韧性胶黏剂,但在胶层剥离应力可忽略的情况下,胶结连接静剪切强度主要是由剪切应变能(曲线下的面积)所决定的。因此,韧性胶黏剂的连接静强度较高。另外,从疲劳特性来看,脆性胶黏剂在拐点附近即断裂,寿命较短。韧性胶黏剂极限应变较大,可降低胶层的应力峰值,缓解应力集中程度,提高疲劳寿命。

（2）按使用情况分类

胶黏剂按照用途可分为下列类型:

①板-板胶,用于板-板、多层板胶结;

②板-芯胶,用于面板-芯材胶结;

③发泡胶,用于蜂窝芯材的拼接及其与蜂窝边缘件的胶结;

④芯条胶,用于制造蜂窝型材的胶黏剂;

⑤底胶,用于胶结表面保护的胶黏剂;

⑥修补胶,用于胶结件或其他构件的修补;

⑦点焊胶,用于胶结点焊零件;

⑧导电胶,用于电子器件的导电连接和屏蔽;

⑨厌氧胶,用于轴承、螺栓固定及密封;

⑩压敏胶带,用于电线、电线终端连接、绝缘及防水密封。

（3）按材料成分分类

胶黏剂按材料成分主要有下列几类:

① 环氧树脂胶黏剂

环氧树脂是航空结构中最多用的一种胶黏剂。其供应方式或者是树脂和固化剂分别包装,使用时把它们混合,室温固化;或者只是需热固化的树脂。对于不用固化剂的环氧树脂,只要将胶结件置于固化所需用的温度,保持固定的时间,无须加压就可实现固化。在这种情况下,固化温度大约为180 ℃,且固化时间很长。利用固化剂和催化剂,不仅可以使胶结结构在高温时具有较高的强度,且可以使胶黏剂在较低温度、较短时间内固化,如在145 ℃和0.7 MPa的压力下20 min内即可固化。另一种类型是改性环氧树脂,即环氧酚醛和环氧聚酰亚胺。这类胶黏剂在130 ℃和175 ℃约60 min即可固化。

② 聚酰亚胺胶黏剂

聚酰亚胺在250～400 ℃固化,并要求后固化以便得到最大的强度特征,其最高使用温度在290～400 ℃之间。

③ 酚醛树脂胶黏剂

酚醛树脂常与其他树脂组成混合树脂胶黏剂。如酚醛-聚酰胺胶黏剂,可获得36 MPa的剪切强度和出色的高温强度(150 ℃时达1.4 MPa)。酚醛-乙烯胶黏剂剪切强度达30 MPa,但使用温度低,在100 ℃以上时性能迅速退化。

④ 硅酮树脂胶黏剂

硅酮树脂具有出色的高温特性,但强度相当低。因此,将这种树脂与其他树脂混合可得到高温稳定性且具有高的力学性能。如环氧硅酮胶黏剂最高连续使用温度可达340 ℃,间断使用可达510 ℃。

2.6.2　胶黏剂选用条件

胶黏剂的选择与复合材料树脂基本相似,应针对飞机具体使用的结构部位、使用环境以及被胶结的材料体系等因素综合考虑。表 2.13 对几种材料成分的胶黏剂进行了比较。

表 2.13　各类胶黏剂的优缺点

类　型	优　点	缺　点
环氧树脂	工艺性能好;固化收缩性小;化学稳定性好;强度高	硬度一般;热强度低;耐磨性差
环氧酚醛	耐热性能好;强度高;超低温性能好	需热固化,多孔性;电性能不良
酚醛树脂	热强度高,耐酸性好;电气性能好	需高温、高压固化;造价贵;有腐蚀性;收缩率较大
硅酮树脂	耐热、耐寒、耐辐射、绝缘性好	强度低
聚酰亚胺	耐热、耐水、耐火、耐腐蚀	需高温固化、造价高;有腐蚀性,多孔性
聚酯树脂	力学和电气性能好,价格低,耐热、耐沸水、耐恶劣环境	仅用于次结构

(1) 选择胶黏剂应考虑的因素

① 力学性能;

② 物理化学性能;

③ 环境要求,包括高温、湿度和腐蚀介质;

④ 胶黏剂本身的价格以及胶结工艺成本;

⑤ 特殊要求,包括耐火、阻燃、毒性和电气性能等。

(2) 胶黏剂应具有的性能

① 与被胶结件的相容性好,具有良好的湿润性和黏附力;

② 具有较高的黏结强度,不致在胶结件界面发生破坏;

③ 与被胶结件的热膨胀系数尽量相近;

④ 能在较低的温度下固化;

⑤ 有较好的综合力学性能;

⑥ 固化过程简单,使用方便;

⑦ 在产品固化或固化后不应挥发能造成腐蚀或有害影响(裂纹)的挥发物;

⑧ 胶结后的结构耐久性应高于结构所预期的寿命;

⑨ 胶黏剂本身应具有较长的环境温度储存寿命;

⑩ 应具有较低的吸水率;

⑪ 在飞机客舱中使用的胶黏剂应有阻燃性,且无毒气排放;

⑫ 胶黏剂应具有较高的(干态和湿态)玻璃化转变温度。

（3）适合于胶结不同材料的胶黏剂

表 2.14 给出了胶结不同材料应选择的胶黏剂。表中未注明胶黏剂的空格表示很难胶结的对应材料。

表 2.14　适合于胶结不同材料的胶黏剂

	金属和合金	聚酰胺	硅酮树脂	陶瓷和玻璃	聚四氟乙烯	聚亚胺酯	酚醛	环氧树脂
金属和合金	E/T	E	S					
聚酰胺	E	P						
硅酮树脂	S		S					
陶瓷和玻璃	E							
聚四氟乙烯	E/T				E/T			
聚亚胺酯	E		S			E		
酚醛	E			E			E	
环氧树脂	E				E/T		E/T	E/T

注：E—环氧树脂；P—聚酰胺；S—硅酮树脂；T—聚硫橡胶。

2.7　涂层材料

根据美国联邦航空管理局的咨询通告 AC 20 - 107B，风化、磨蚀、腐蚀、紫外线辐射和化学环境（乙二醇、液压油、燃油、清洗剂等）可能会引起复合材料结构性能的退化。应针对使用中预期的环境，给出防止材料性能退化的有效防护措施或注意事项，并用试验证实，在需要的部位提供通风和排水措施。在某些复合材料与金属材料间的接触面需要用隔离层来避免腐蚀（如可以用玻璃布隔离碳纤维复合材料层与铝合金）。此外，需要验证复合材料零部件所用紧固件及安装程序，以避免电化学腐蚀问题，同时要考虑在安装紧固件时可能对复合材料产生的损伤（分层和纤维断裂）。因此，应特别关注复合材料结构防护中使用的涂层材料与密封材料。

2.7.1　防水和防紫外线涂层

复合材料与金属一样，容易受到介质的侵害。水及其他腐蚀性介质可使树脂基体产生变质。当介质侵入树脂基体与增强纤维之间的界面时，界面的树脂产生溶涨，导致树脂和纤维的脱胶和分层。另外，紫外线会使基体材料发生老化，使其力学性能降低，所以复合材料外表面需要防护性涂层。

目前广泛使用的防水、防紫外线涂层是环氧类涂料和聚氨酯类涂料。环氧类涂料的优点是附着力强、收缩性好、耐介质性好、韧性及稳定性高、能与多种面漆相容，但环氧类涂料成膜后保光性差、易粉化，因此常用作底漆。环氨酯类涂料的附着力强、硬度高、涂膜光亮,具有优良的耐油性、耐湿性、耐磨性、耐化学性以及装饰性好等特点,经常被用作面漆。

2.7.2　绝缘涂层

碳纤维复合材料具有一定的导电性,并具有较高的电位。当它与金属接触时会成为阴极,而与其接触的金属成为阳极受到腐蚀。因此,在选择与碳纤维复合材料接触的金属时,应尽量选择与碳纤维复合材料电位相近的金属,例如、钛合金、不锈钢等。当碳纤维复合材料与金属接触时,在装配前应在碳纤维复合材料或金属表面涂覆绝缘层。如果是与铝合金接触,需在碳纤维表面共固化一层玻璃纤维层。玻璃纤维层是不导电的,可作为绝缘层,防止电偶腐蚀。

2.7.3　抗静电及耐沙石涂层

许多航空产品的复合材料表面都有抗静电、耐沙石的要求。在这些部位表面宜采用抗静电、抗沙石的涂层体系。整个涂覆体系分为三层:

①底层为环氧聚酰胺底漆,它能有效地提高涂层与复合材料层的结合力,同时使涂膜具有优良的耐热性和耐冲击性;

②中间层为弹性聚氨酯涂料(即抗沙石涂料),通过特殊工艺方法涂覆的涂膜具有很强的耐沙石冲击性能;

③面层为抗静电涂料,它分为掺和型和本征型两类。掺和型中的聚合物本身无导电性,它的导电过程靠掺入的导电粒子来实现,导电粒子提供自由电子,故称掺和型聚合物。掺入的导电填料有碳、石墨、金属等。本征型中的聚合物具备固有的导电性,其聚合物分子结构提供导电通道。

第3章　复合材料的成型工艺与质量控制

　　复合材料结构的初始质量是复合材料结构性能评估的前提条件,关系到复合材料结构的安全性和使用寿命。复合材料结构初始质量控制的目的在于,通过一系列监控检测措施,将复合材料结构在成型和机械加工、装配过程中出现缺陷的可能性控制在允许的限度之内,以确保复合材料结构的初始质量符合设计图样和技术文件的要求。

　　复合材料结构工艺的相关适航要求主要体现在 FAR25.605 中,采用的制造方法必须能生产出一个始终完好的结构。如果某种制造工艺(如胶结、点焊或热处理)需要严格控制才能达到此目的,则该工艺必须按照批准的工艺规范执行。飞机的每种新制造方法必须通过试验大纲予以证实。

　　(1) 要求有关结构的制造方法能持续制造出同样优质的构件。用批准的工艺规范或说明书控制制造方法。型号设计中需要的工艺规范或说明书应在图样评定时由有关审查代表批准。通常用批准制造人图样清单的方法来批准工艺规范或说明书。当图样要求采用某种特种工艺,如金属焊接、塑料或玻璃纤维层压等时,应对该特种工艺进行评审。

　　(2) 工艺规范或说明书通常应包括:总的任务或该工艺用途及其适用范围、预防措施或使用说明、所涉及的材料和设备的详细清单、工艺过程实施的步骤程序、验证其一致性的检查和试验程序,任何有关的特殊处理、储存或保护性措施。

3.1　复合材料成型工艺

　　复合材料成型是一个比较复杂的过程。随着各种新工艺、新技术的涌现,复合材料制造工艺已成为复合材料加工制造的关键。它涵盖的技术面广,技术含量高,涉及的成本份额占总成本的 80% 以上。

　　根据用途、批量、市场等要求的不同,航空航天用复合材料产品的成型工艺采手工铺层、半自动成型、全自动成型以及液体成型等技术。

3.1.1　手工铺层

　　手工铺层仍是目前还在使用的传统成型方法,如 B-2 轰炸机以及一些通用飞机的制造采用了大量的手工铺层工序。手工铺层方法的优点是可使蒙皮厚度有大的变化,可进行局部加强,对接头嵌入金属加强片,形成加强筋和蜂窝夹芯区等。

　　目前,手工铺层使用了许多专用设备来控制和保证铺层的质量(如复合材料预浸料自动剪裁下料系统和铺层激光定位系统等)。可采用专门的数控切割设备来进行预浸料和辅助材料的平面切割,从而将依赖于样板的制造过程转变为根据复合材料设计软件产生的数据文件进行的制造过程。

手工铺层的缺点是要求铺层人员有很高的技艺和施工经验,手工铺贴费工费时、效率低、成本高(约占总成本的 1/4),难以适应大批量生产和大型复杂复合材料制件的生产要求。因此,在 20 世纪 60 年代初,在手工铺层复合材料实施几年之后,就开发了自动铺带(ATL)技术。

3.1.2　自动铺带

自动铺带(ATL)技术采用有隔离衬纸的单向预浸带,其裁剪、定位、铺叠、辊压均采用数控技术自动完成,由自动铺带机实现。多轴龙门式机械臂完成铺带位置的自动控制,铺带头上装有预浸带输送和切割系统,根据待铺放工件边界轮廓自动完成预浸带的铺放和特定形状位置的切割。预浸带在加热状态时,在压辊的压力作用下铺叠到模具表面。

自动铺带机根据铺放制件的几何特征可分为平面铺带和曲面铺带两类。随着自动铺带设备、编程、计算机软件、铺带技术以及材料的进一步发展,自动铺带的效率变得更高,性能更可靠,操作性更好。与手工相比,先进铺带技术可降低制造成本的 30%～50%,可成型超大尺寸和形状复杂的复合材料制件,而且质量稳定,缩短了铺层及装配时间,工件近净成型,切削加工及原材料耗费减少。目前,最先进的第五代铺带机是带有双超声切割刀和缝隙光学探测器的 10 轴铺带机,铺带宽度最大可达到 300 mm,生产效率可达到手工铺叠的数十倍。

自动铺带机要成型复杂双曲率型面,需采用窄带,工作效率会降低,而一台铺带机的价格需要 300～500 万美元,成本太高。后来,Hercules 公司率先开发了自动丝束铺放(ATP)设备。

3.1.3　自动丝束铺放

自动丝束铺放(ATP)技术结合了自动铺带和纤维缠绕技术的优点,铺束头把缠绕技术所用的不同预浸纱束独立输送和铺带技术所用的压实、切割、传送功能结合在一起,由铺束头将数根预浸纱束在压辊下集束成为一条宽度可变的预浸带,然后铺放在芯模表面,铺放过程中加热软化预浸纱束并压实定型。

与自动铺带相比,自动铺丝束技术可以成型更复杂的结构件,材料消耗率低。ATP 设备对复合材料的重要性相当于铣床对金属材料的重要性。它是介于自动缠绕与自动铺带之间的一种铺层方法,特别适于复杂构件的制造。自动铺放技术的基础是铺放机的设计与开发。

以美国辛辛那提机床公司 Viper 纤维铺放机为例。Viper 纤维铺放系统将缠绕、特型铺带及计算机控制结合起来,自动生产需要大量手工铺层的复杂零件,从而缩短铺层及装配时间,由于工件近净成型,切削加工及原材料耗费减少。

　　沃特公司制造波音 787 型飞机 23% 的机身,其中包括 5.8 m×7 m 的 47 段及 4.3 m×4.6 m 的 48 段,采用了来自辛辛那提机床公司的自动铺放机 Viper 6000,如图 3.1 所示。

图 3.1　Viper 6000 纤维丝束铺放设备

　　自动铺放技术主要应用在航空航天等高性能复合材料领域,自动铺带技术制造机翼已经成为"标准"技术。波音直升机公司率先应用自动铺丝技术研制 V-22 倾转旋翼飞机的整体后机身,减少了 34% 的固定件、53% 的工时,废料率降低了 90%;雷神公司的 Premier I 公务机机身采用整体铺丝成型蜂窝夹层结构,前机身从雷达罩壁板一直延伸到后压力仓壁板(8 m 长),后机身从后压力壁板延伸到机尾(5 m 长),比铝合金机身减重 273 kg,相比金属材料机身减重达到 40%;自动铺丝在第五代战斗机的典型应用包括 S 进气道和中机身翼身融合体蒙皮;举世瞩目的波音 787 大量应用复合材料得益于自动铺放技术:所有翼面蒙皮采用自动铺带技术制造,而全部机身采用自动铺丝技术整体制造,分别由不同承包商分段制造,在西雅图波音工厂组装。复合材料机身自动铺丝整体成型堪称是航空制造技术和复合材料制造技术的里程碑,对大型复合材料整体结构应用有着划时代的意义。自动铺丝制造机身从波音 787 开始,已经成为一种复合材料机身制造标准,推动了 A350 复合材料机身自动铺丝应用。自动铺丝技术在航天器的应用包括阿丽亚娜火箭整流罩承力锥、SpaceX 返回火箭的着陆"腿",前瞻应用有 NASA 制造直径达 10 m 的大型液体燃料储箱。自动铺丝在航空发动机复合材料构件的应用包括外涵和大型发动机风扇叶片,已经用于 GENEX。

　　复合材料干丝铺放技术已经用于俄罗斯 MC-21 机翼制造,机身制造预研正在

紧锣密鼓开展,可望大幅度提升复合材料制造技术水平和降低制造成本。德国 Dief-
fenbacher 研制的热塑性铺放–超声"点焊"–热压工艺可望在航空航天高性能热塑复
合材料构件制造实现量产。基于热塑性铺放的复合材料增材制造复合材料翼盒已经
完成演示验证,复合材料增材制造用于超大型航天结构的在轨制造预研已经开始。
这些新技术应用为高端复合材料低成本制造指明了方向,将带来革命性的变化。

3.1.4　热压罐固化成型

　　热压罐固化成型是航空航天复合材料结构件传统的制造工艺,它有产品重复性
好、纤维体积含量高、孔隙率低或无孔隙、力学性能可靠等优点。热压罐固化的缺点
主要是耗能高、运行成本高等。而目前大型复合材料构件必须在大型或超大型热压
罐内固化,以保证制件的内部质量,因此热压罐的三维尺寸也在不断加大,以适应大
尺寸复合材料制件的加工要求。目前,热压罐都采用先进的加热控温系统和计算机
控制系统,能够有效地保证在罐内工作区域的温度分布均匀,保证复合材料制件的内
部质量和批次稳定性,这也是热压罐一直沿用至今的主要原因。图 3.2 给出了用于
波音 787 型飞机机身固化的全球最大热压罐。

图 3.2　用于波音 787 型飞机机身固化的全球最大热压罐

3.1.5　液体成型

　　复合材料液体成型已是十分普及的工艺,它是以树脂转移成型(RTM)为主,包

括各种派生的 RTM 技术,有 25~30 种之多,其中,RTM、真空辅助 RTM(VAR-TM)、真空辅助树脂注射成型(YARI)、树脂膜熔浸成型(RFI)和树脂浸渍成型(SCRIMP)被称为 RTM 的 5 大主要成型工艺,也是目前应用最多的 RTM 工艺。

　　RTM 的优点是成品的损伤容限高,可成型精度高、孔隙率小的构件,并能成型复杂构件及大型整体件。RTM 成型的关键是要有适当的增强预形件以及适当黏度的树脂或树脂膜。RTM 要求树脂在注射温度下的黏度值低,第一代环氧树脂的黏度要求在 500 cPs (0.5 Pa・s)以下,以前对于较大尺寸的构件要求树脂黏度低于 250 cPs(0.25 Pa・s)。RTM 工艺的主要设备是各种树脂注射机和整体密闭型模具。

　　随着新型增强材料结构的不断创新,编织技术和预成型技术与 RTM 技术相结合,形成了新的工艺。如采用三维编织技术将增强材料预制成三维结构,然后再与 RTM 工艺复合,也可将纤维织物通过缝纫或黏结的方法,直接预制成制件形状,再采用 RTM 工艺成型复合材料。

3.1.6　热隔膜成型

　　隔膜成型原是一种为热性复合材料开发的成型工艺,后发现用于热固性复合材料具有很广泛的用途。它具有成型过程中纤维不易滑动、不易产生皱褶的特殊功效,非常适用于加工大型飞机机翼前梁的 C 形截面。在近年推出的 A400M 等大型 C 形截面前梁中,已采用了这种工艺方法,在欧洲推出的先进复合材料飞机结构(AL-CAS)计划中,这种成型方法已成为加工飞机前梁的一种典型工艺方法。

3.1.7　复合材料构件加工与装配

　　复合材料构件成型后,需要进行机械加工,包括外形尺寸加工、钻孔等,要求具有很高的加工质量。复合材料构件属于脆性各向异性材料,常规的加工方法不能满足复合材料加工质量要求。传统切割方式在加工纤维材料时具有以下缺点:切割速度慢、效率低,复合材料构件属于易变形材料,切割精度难以保证;在切割高韧性材料时,刀具和钻头等磨损快、损耗大;加工复合材料层合板时易发生分层破坏等。

　　复合材料生产常需配备大型自动化高压水切割机、超声切割设备和数控自动化钻孔系统等专用设备,以保证复合材料构件经加工后无分层磨损,且符合装配尺寸精度的要求。

　　大型机翼蒙皮层合板一般采用大型高压水切割机进行成型切割,世界上最大切割机的床身尺寸为 36 m×6.5 m,由 Flow International Corporation 制造。

　　超声切割设备将超声振动能量加载在切割刀具上,可有效击碎纤维材料的边界,从而有效解决上述传统切割方法带来的问题。超声切割技术的切割质量优良,具有无毛刺、无刀具磨损、无碳化材料、切割力小、不易造成分层、切割速度快、精度高等特点,已经在国外航空企业内得到广泛的应用。

　　随着飞机复合材料结构用量增加,复合材料制造的自动化显得日益重要,而自动化程度较高的装配技术显得尤其重要。复合材料的使用使飞机机体有可能采用大型整体结构件制造,如波音 787 最后总装只进行六大部件的对接,即前机身、中机身、后机身、机翼、水平安定面和垂直尾翼。这些整体大部件装配过程中避免使用传统巨型工装,而更多地采用便携式工具。飞机结构件的移动不采用龙门吊车。

柔性装配、自动钻铆等先进技术集成应用于复合材料大型部件的自动装配中。飞机柔性装配技术考虑作为装配对象的航空产品本身特征,基于飞机产品数字化定义,通过飞机柔性装配流程、数字化装配技术装配工装设计、装配工艺优化、自动定位与控制技术、测量、精密钻孔、伺服控制、夹持等实现飞机零部件快速精确的定位和装配,可减少工装的种类和数量,提高装配效率和装配准确度,提高快速响应能力,缩短飞机装配周期。它是一种能适应快速研制生产及满足低成本制造要求、满足设备和工装模块化可重组要求的先进装配技术,如波音 787 的复合材料机翼结构件的移动采用了自动化导引车等柔性装配技术。

自动钻铆机广泛应用于复合材料大型部件的自动装配,如 A380 机翼装配采用了自动化可移动钻孔设备。这些钻削设备与传统金属材料钻削设备的本质区别在于,为保持钉孔周围的结构完整性,要求钻孔时复合材料构件无分层,因此制孔一般要用硬质切削刀具,采用多步钻孔法。鉴于复合材料的制造方法不同,其可切削加工性也各异。例如,编织结构为“十”字形花样的织物,比单向排列的织物带易切削,后者的磨损力更大且易产生分层,钻孔时存在纤维未切到的问题。因此,根据复合材料构件不同的成型方式,应选择不同的钻削工艺参数,以及不同材料和形状的钻头。

3.2　成型工艺控制程序与工艺流程检验

3.2.1　成型工艺控制程序

需要制定成型工艺质量控制程序并按计划进行检查,使所有的工艺变量均得到充分的控制,保证生产出来的复合材料结构件合格。也就是说,在整个成型工艺中应保证影响材料性能的参数和工艺参数得到有效的控制。同时,所有各项材料、炉号、批号应符合规定的质量标准。

(1)应编制完整的质量和生产控制程序,用于材料的选择、工装和工艺设备的选择、校验的选择以及确定制造操作的顺序、重要的工艺参数和工艺容差以及质量标准。

(2)生产复合材料结构件的厂房,尤其是预浸、下料剪裁、铺覆、工艺组合和胶结作业的特殊工作间,应对环境参数(湿度、温度、化学污染)做出规定并进行控制。

①特殊工作间要求的温度为 (23 ± 2) ℃,相对湿度为 45%～55%,尘埃度要求为大于 5 μm 的悬浮颗粒不超过 88 粒/升。室内应保持 9.8～39.2 Pa(0.1～0.4 g/cm²)的正压力差。

②在环境控制区域内,应禁止使用未经控制的喷涂,禁止暴露在灰尘、搬运污染、烟雾、含油蒸汽及其他对制造过程有不利影响的颗粒和化学物质等环境中(如不允许使用含有未经固化的硅的脱模剂或材料)。此外,还应规定操作者接触材料(预浸料)的条件。

(3) 应建立操作者培训和资格认定的项目程序,根据生产标准来衡量操作者的操作能力,并根据需要对再次资格认定提供指导。

(4) 开始生产之前,通过对材料、工装、设备、工序及其组合进行的试验,以及对生产具有与设计要求一致的结构件所需工艺的其他控制因素进行的验证,来鉴定成型工艺。作为成型工艺鉴定的一部分,应进行适用工装验证的试件破坏试验和无损检测(NDI),以确定其是否与规定的设计要求相一致。试件的破坏试验用以验证与规定的物理和力学性能的一致性。试件的无损检测是要验证由成型过程引起的偏差或缺陷是否保持在允许的范围或限度之内。

(5) 成型工艺一旦建立,不得随意改变。无论何时,如要对成型工艺(包括材料的来源、固化原则、设备控制系统或热压罐加压方式以及工装设计)进行变更时,应重新审查和鉴定成型工艺,以确保成型工艺和设计要求一致。

(6) 如果工艺需要配制树脂(胶黏剂和树脂基体),应按材料标准规定的程序进行。这包括组分材料及其用量、配置方法和技术。对合成的树脂要进行试验检测,以确保与标准要求一致。

(7) 定期进行用于评价设计要求一致性的工艺控制试验,以确保成型工艺、材料和有关的工装能够继续在一种受控状态,形成合格的结构件。

(8) 对已成型的(已固化的或热压定型的)结构件,应使用无损检测设备和程序来评定因制造和装配操作所造成缺陷的大小,以得出验收或拒收的结论。无损检测技术应具有探测出结构件上最大允许偏差或缺陷类型和尺寸的能力。

(9) 质量控制使用的说明书应对每种偏差或缺陷(如胶结脱胶、孔隙率、分层、受损芯子、芯子节点脱胶、缺芯、缺胶)等规定允许的范围或限度。

3.2.2　工艺流程检验

质量保证部门通常负责检验制造过程是否按照工程工艺规范的要求进行。下面说明控制工艺过程的各种工作。

(1) 材料控制

工艺规范至少必须规定下列的材料控制项目:

①通过名称和规格能充分识别材料;

②材料的储藏和包装要预防损伤及污染;

③易变质的材料、预浸料以及胶黏剂,在其出库时应在允许的储存期之内,并应在允许使用寿命之内固化;

④正确识别和检查预包装的材料;

⑤确定验收和再确认试验。

（2）材料储存和处理

材料与工艺规范规定了储存预浸料、树脂体系和胶黏剂的程序和要求，以保持材料的物理和化学特性。在低温下（通常－18 ℃（0 ℉）或更低）储存这些材料，以延缓树脂材料的反应并延长其使用寿命。用户与供应商之间通过谈判达成协定，规定在哪些条件下储存这些易变质材料以及供应商保证的累积低温储存期和所处非低温环境时间。所协商确定的这些时间将作为用户材料技术条件中的一项要求。

通常将材料储存在密封的塑料袋或容器中，以防止在将其从冷库取出并让其加热到大气环境温度时出现水分凝结在冷的材料上并转移到聚合物内的问题。从冷库中取出材料到可以开启材料密封袋或容器之间的时间间隔，通常根据经验确定。在确定时间间隔时要考虑物理特性（如材料卷、叠层、厚度或材料类型（例如带与宽幅材料））。因此，用户应当有一些程序，防止在材料温度达到稳定之前过早将材料从储存袋或容器中取出。

（3）模　　具

使用铺贴用的模具（模型）要遵照模具检验/质量鉴定程序。这将证明，在使用规定材料、铺贴和袋压方法及固化曲线时，使用该模具能够生产出符合图样和技术规范要求的部件。此外，应测试由该模具制造的固化材料试件，以确保其符合规定的力学和物理性能。在每次使用之前必须检查模具表面，以确保模具表面清洁，同时没有可能会污染或损伤部件的情况。

（4）设施与设备

用户将确定复合材料工作区的环境控制要求。这些要求是用户工艺规范的一部分，这些要求应与材料对车间环境下其污染的敏感性相适应。必须规定热压罐和烘箱的检测和校准要求。

环境控制区里的污染限制包括：禁止使用不受控制的喷涂（例如硅污染）；防止复合材料和工艺过程露于灰尘、触摸污染、烟雾、油蒸气中，不得存在其他可能影响制造过程的微粒或化学物质。也应规定操作者可进行材料处理的条件。用于铺贴工作室的空气过滤及增压系统应能提供一个略高的正过压。

（5）生产过程控制

在复合材料部件的铺贴过程中，必须严格控制某些关键的步骤或操作。对这些关键项的要求和限制应在用户的工艺规范中予以说明。下面列出某些需控制的步骤与操作：

①检验洁净模具表面已涂覆脱模剂并已固化；

②检验部件的材料是否符合相应的材料规范；

③检查预浸料的铺贴情况，确保层数和方向符合工程图样的要求；

④检查蜂窝芯子拼装并检验位置是否符合工程图样要求；

⑤用户书面记录应包含下列资料：

a. 材料供应商、制造日期、批号、卷号和使用寿命的总累积小时;

b. 热压罐或烘箱的压力、部件温度和时间;

c. 热压罐或烘箱装载号;

d. 部件和产品序号。

(6) 部件固化

用户工艺规范中必须规定固化部件时热压罐和烘箱的工作参数要求,其中包括加热速率、保温时间、冷却速率、温度与压力容限和热压罐或烘箱中温度均匀性测量记录。

(7) 工艺过程控制试件

许多制造方要求与生产部件一起,铺贴和固化一些特殊的试验板。固化后,将这些板进行物理力学性能试验,以证实其所代表的部件满足工程性能要求。

通常由图样的标注规定物理和力学试验的要求,图样指明每一部件的类型或类别。非关键的或次要结构可能不要求试件试验,关键的或与飞行安全密切相关的部件要求进行全部的物理和力学试验。

在早期复合材料生产过程中,大多数用户要求做 0°弯曲强度与模量及短梁剪切强度试验。但是,近年来许多制造方已将这些试验改为要求取自生产部件指定区域试样上的玻璃化转变温度、每一铺层厚度、纤维体积含量、空隙含量和铺层数的测试。

(8) 铺覆工艺控制

建立一套标准和方法,以确保在铺覆操作过程中能将铺层正确地定位、铺贴和工艺组装。自动铺覆时,控制带头和工作台运动,带的层叠顺序应由质量保证部门批准。应对工艺过程中的变量,如带的方位、间隙、搭接等制定标准。除此之外,对干法铺覆,还应对影响固化后层压件质量的工艺参数(如树脂含量、铺层压实、密度、孔隙率等)建立控制方法;对湿法铺覆,还应对工艺过程汇总中的变量(如树脂含量、夹裹空气、气泡等)制定控制方法。

(9) 夹芯结构工艺控制

①应检查芯子材料是否存在芯格损伤、压塌,长度和厚度是否正确,并应正确地清洗及防止污染。

②应检查固化后层压件的尺寸一致性。在胶结和组装前应正确地清洗结合面并防止污染。

③应正确地保护和储存未固化的层压件,以防止污染并延缓化学变化。

④应建立程序以控制那些影响组装工艺的整体性和一致性的重要参数(如胶层厚度、胶结压力和温度分布),以及固化中树脂或胶黏剂处于液态时,构件在工装内的"漂移"(装袋和工装要求)。

⑤对在热压罐或烘箱固化的夹芯结构的工艺操作性,通过夹芯结构试样试验来评定。试样应来自专门准备的,用与生产构件相同的材料、相同的生产方法、工作环境条件以及固化周期制造的试板。当要求采用共固化的层压件来制造结构件时,还

应准备一块层压工艺控制板用于试样试验。只要它们代表了生产构件的结构，来自生产构件上的切边也可以用于试验。

（10）固化工艺质量控制

①应控制工艺过程中的重要参数，即控制树脂和铺层的化学反应进程，以获得密度均匀、孔隙率在允差范围以内、纤维含量准确的稳定高质量的构件。

②应检查用于盛放未固化层压件或夹芯结构的设备和材料，以保证能正确地控制固化周期内的树脂流动性、挥发物含量和铺层的压实，以免影响结构的性能。

③应给出固化周期内（以及后固化周期内）控制压实、凝固及固化反应的变量（时间、温度、压力）关系。同时，还应给出在固化周期内变量可接受的限制值，以及如果超出这些限制值应采取的措施，如将固化后的构件交付给质量保证部门进行评定和处理等。

④应保证热压罐或烘箱固化时，即使未固化零件具有不同形状、材料、装袋形状以及工装升温特性不同时，每个构件均可得到正确的固化。

⑤应规定在热压罐/烘箱固化过程中，如果升温、降温、抽真空或加压出现中断时应采取的行动，如将构件提交给质量保证部门进行处理等。

⑥对每个热压罐或烘箱固化的工艺操作性能，应通过复合材料结构件的典型试样试验进行评定。

试样应采用与所代表的生产零件相同的材料、生产方法、工作环境条件和固化周期来制造。只要能够代表生产构件的结构，生产构件的切边也可用于试验。如果完全适用，也可用经过批准的直接固化监控技术。

（11）二次胶结质量控制

①胶结件的表面清洗程序应使用规定的化学药品和磨料。应在制造场地示出正确清洗表面和保护清洁表面（包括剥离层）不受污染的标准和方法。

②质量控制标准应规定胶层厚度和在固化周期内胶层上要施加的压力。

③工装检验程序应能验证工装具有保持胶层正确的厚度、沿胶层均匀施压以及正确固化胶黏剂的能力。

④使用胶黏剂之前，生产零件应在工装上预装配并进行检查，以使预期的胶层厚度和胶层上的压力分布都在设计允许的范围之内。如需要使用填充胶结间隙的垫片，必须遵循批准的质量控制程序。

⑤使用胶膜时，应防止出现由于空气夹裹、架桥及相邻胶膜之间的间隙而形成空穴等缺陷。

⑥使用胶黏剂（如糊状物）时，要求在润湿表面上完全和均匀涂层，并在胶黏剂内无空气存在。

⑦应记录高温固化胶黏剂的控制参数。包括升温和降温速率、固化时间和温度、真空和压力参数。

⑧胶黏剂的室温固化控制应包括如下规定：

a. 从胶黏剂配制到构件的装配、夹紧或上工装直至达到最终形状之间允许的最短和最长时间；

b. 为获得足够的搬运强度已进行的随后操作，在某一特定温度下允许停放的最短时间，以及充分固化的条件（时间和温度）。

⑨应规定胶结后结构件可经受后续固化操作的状态参数：

a. 最大许用温度；

b. 允许反复的后续固化次数；

c. 当后续固化温度达到以前的固化温度时防止结构件出现脱胶、起泡、分层等的方法。

(12) 纤维缠绕工艺方法质量控制

①用于干法缠绕的预浸料纤维长丝，应按与其他预浸料类似的方法保存和管理，确保维持材料固有的性能，尤其是材料的流动性和黏性，以保证良好的缠绕黏结。

②应制定程序以确保树脂体系的有效期超过预期的缠绕时间，并保证不会在缠绕完成之前出现凝胶。

③应制定一套标准和方法，以控制机械运动的参数，如喂料速度、喂料臂和芯轴的运动、芯轴止角、每种方式的周数、对整个作用范围的总周数，每层的铺层数量、缠绕角、纤维张力和线方向性、带宽以及纤维/树脂比例。

④应制定程序以控制在缠绕操作过程中的工艺变量，如树脂黏度、纤维润湿、纤维张力、纤维带宽和线方向性、空气夹裹、压实的程度以及纤维的损伤。

(13) 拉挤成型工艺方法质量控制

①应制定程序以控制拉挤成型的开始运动、稳定状态，关闭停止操作，以及在启动和关闭停止操作过程中所产生材料的处理。

②对于决定产品质量的重要参数，如线速度、工装温度分布、夹紧复位行程、树脂温度、工装输入温度、预成型操作的材料方位以及材料张力等，应在工艺程序中做出规定。

(14) 其他模制方法控制

对于树脂注射、压制、压铸工艺等技术，模制工艺说明书中应对所有决定产品质量的重要工艺参数做出规定。这些参数为：树脂混合、喂料速率及温度、模具温度、压力或真空。此外，模制工艺说明书还应确定自动化操作的定时与次序。应在工艺说明书中规定并在辅助的操作指令单上注明这些重要参数。

3.3　成品检测

3.3.1　制造缺陷

复合材料结构在制造时产生的缺陷有两种形式：在复合材料结构件制备期间产

生的缺陷;结构件的加工、制作和最后装配期间产生的缺陷。表 3.1 给出了典型的制造缺陷形式。在决定含缺陷的结构件是否需要修理或报废时,需要考虑缺陷的位置和尺寸、缺陷类型、该结构件预计承受的载荷范围以及结构件的重要性。

表 3.1　复合材料层合板的制造缺陷

分　类	缺　陷
普通层合板	空隙、分层、脱胶(如金属嵌入件脱胶)、外来夹杂(如脱模膜)、贫脂区、富脂区、树脂固化不完全、纤维方向不对(包括纤维弯曲)、铺层顺序错误、纤维间隙、铺层皱褶、表面状态很差(如脱模不当)
夹心壁板(除上述之外)	模芯搭接差、表层脱胶、芯子塌陷、芯子间隙

在复合材料中,有许多可变的因素可能会在制造过程中产生许多形式的缺陷或裂纹。但是,大部分裂纹是很少产生的,而且很容易预防,或者对产品的特性没有特别的危害。一般说来,最关心的缺陷是分层和空腔。这些缺陷在结构中造成了间隙,根据出现的位置的不同,有的会明显地降低强度。

(1) 分　层

层合板内的层间分离是由于气泡或污染产生的。表面制备不当,夹杂了外来物质,或者在运输搬离期间的碰撞损伤都会造成这种类型的缺陷。

(2) 空　腔

少量的空气或微小的气泡,它们有在层间聚集的趋势。空腔通常是由以下两种因素中的一种造成的。

①在固化周期期间工装上有阶差,这样就会有一个不相等的压力分配施加于构件,从而形成树脂不可填充的间隙。

②具有高挥发分含量的树脂与短的固化周期的结合,如果在树脂硬化之前挥发性气体不能排出,即会形成空腔。如果树脂偶然的吸收了水分也会形成空腔。适当的储存和适当的工艺控制可以避免产生这样的空腔。

(3) 气　孔

在固化材料内的给定区域中空气或气体微泡的状态。这是由于在固化期间树脂未完全流动以及局部集中了多余的热量或由于树脂被污染而造成的。力学性能随气泡的严重程度而降低。但如果气泡含量少于 3% 时,其影响是很小的。

(4) 夹　杂

异物被无意地夹杂在铺层中,例如金属屑、衬纸、带子和其他杂质。

(5) 树脂偏差

在固化期内,当层合板没有适当地压实或没有适当地控制流胶,就会出现富脂区或贫脂区。

(6) 纤维偏差

纤维方向的急剧变化,出现皱折、折叠、间隙等状况。这些情况往往在铺贴或固化过程中出现。

　　（7）拼接处的间隙

　　由于铺贴技术差造成单向带或纤维织物之间的间隙。

　　（8）蜂窝拼接间隙

　　由于不正确的铺贴造成的位于相邻芯子之间或者芯子与面板之间的分开间隙。

　　（9）脱　胶

　　由于表面夹渣引起的在两个不同零件之间产生的无胶连接区。

　　（10）表面划伤

　　由于某些粗糙的或尖的东西造成的痕迹或撕裂而引起的一条窄的凹陷区,纤维有可能断裂。

　　（11）表面凹陷

　　由工装或外来物质引起的凹陷,结果造成损坏。

　　（12）材料的磨损或烧蚀

　　在固化期间由于过热引起的,在材料上有明显的颜色变化。

　　（13）折断的纤维

　　层合板中不连续的或错位的纤维。

　　（14）不正确的层数

　　层合板中的层数太多或太少,但不影响层合板的厚度。

　　（15）不正确的铺层顺序

　　层合板中层片的铺放顺序是错误的。

　　（16）不正确的层间排序或取向

　　在一块复合材料层板中,典型的层片在任何一个方向的排列均可有±2°的变化,而对整体强度没有显著影响。可能会偶然发生,层片完全没按指定取向排列,即当要求用0°时,使用了45°或90°。

3.3.2　无损检测

1. 无损检测技术

　　在确保生产过程得到控制后,还必须检查复合材料细节构件是否符合尺寸和制造质量要求,并对工艺过程导致的缺陷和损伤进行无损检测(NDI)。

　　常用的检测技术包括目视、超声波和X射线检测。其他方法如涡流、全息、红外技术和声学检测尚在发展中,将来可能会用于生产。复合材料部件NDI的范围,取决于部件是主要的飞行安全结构,还是次要的非飞行安全结构(部件的类型与分类一般是在工程图样中确定的)。工程图样也引用规定的NDI试验技术接收/拒收标准的工艺规范。NDI用于发现曲线和损伤,如空隙、分层、夹杂物和基体中的微裂纹。

　　目视检查用于核查并确认部件是否满足图样要求,以及评定部件的表面与外观。目视检测包括检验气泡、凹陷、外来物材料夹杂、铺层变形和折叠、表面粗糙、表面孔隙和褶皱。在制造方的工艺规范中应给出这些缺陷的接收/拒收标准。缺陷的接收/拒收标准应经过试验或检测确定。

复合材料生产最广泛使用的 NDI 技术是超声波透射 C 扫描检测,其次是超声波脉冲回波 A 扫描检测。用超声方法进行评估的主要缺陷是内部空隙、分层和孔隙率。超声检测需要制造出具有已知内置缺陷的标准件,检测的输出形式为显示整个部件声衰减变化情况的曲线图。将曲线图与部件上显示的声衰减变化的位置相比较。如果发现缺陷超过了规范允许的范围,则拒收该部件并由工程技术部门进行处置。部件的处置可能有:①按现状接收;②经过进一步再加工或修理使该部件可接收;③报废。

在 NDI 中,经常用 X 射线检测评价层合板中镶嵌件的胶结,以及夹芯板中蜂窝芯子与面板的胶结情况。所要求的检测范围由工程图样按检测的类型或分类指定,这些类型或分类通常在一个独立的文件中规定,由制造方的工艺规范加以引用。如同超声波检测一样,为了正确地评价 X 射线胶片,通常需要有内置缺陷的标准件。

涡流检测只适用于导电的复合材料制件,虽然碳纤维复合材料树脂基体是不导电的,但与碳纤维复合后可以得到适当的导电率。因此,可以采用涡流检测技术检测碳纤维复合材料构件。检测基本条件为:$0.5 \sim 3$ MHz 检测频率和 $1 \sim 3$ mm 线圈直径(根据被测件厚度而定)。

光学全息照相的原理是以干涉条纹图来显示物体表面的微小位移。当检测制件内部的缺陷时,必须对构件加载,使结构内部的缺陷反映为表面的微小变形。因而,检测的灵敏度和缺陷的深度有关,适于检测浅层的脱胶、气孔和分层等。因此,全息照相方法较适合于检测蜂窝夹芯结构的局部脱黏。这种方法是非接触式的,对被检测件的表面无特殊要求。

红外检测是测定复合材料制件的缺陷区和正常区热性能上的差别来反映构件表面的温度变化。其热源有两种:一种是利用构件受应力后内部产生的热场;另一种是外部施加的热场。检测温度的方法则有接触法(液晶、热致发光涂层、热敏纸等)和非接触法(辐射计、热图像仪等)两种。但主要采用非接触式测量。由于热技术受通风、表面辐射变化等难以克服因素的影响,目前这一技术还未得到广泛的应用。

2. 检测方法的选择

每种无损检测技术都有它的局限性,表 3.2 中给出了各种无损检测技术的应用范围。

表 3.2　各种无损检测技术的应用范围

方　法	结　构	可检缺陷
目　视	所　有	表面损伤
敲　击	所　有	表面附近分层
超　声	层合板	分　层

方　法	结　构	可检缺陷
共　振	薄层合板	分　层
胶结测试	胶结结构	脱　黏
X 射线	所　有	芯材中的水分
剪切干涉技术	所　有	脱黏/分层
差热分析	所　有	脱黏/分层
超　声	所　有	多　孔 空　洞 分　层 缺　胶 富树脂区 贫树脂区 夹杂物
胶结共振实验	共固化胶结结构 黏结剂连接结构	缺　胶 空　洞 分　层 夹杂物
共　振 （敲击实验）	夹心结构	缺　胶 空　洞 分　层 密闭处缺胶 芯材和面板连接处缺胶 芯材凹陷
X 射线	蜂窝夹芯层合板拐角处	角结点分离 芯材压缩 夹杂物 芯材压瘪 分　层

3. 实施无损检测的要求

为使无损检测技术有效、重复性好、可靠,需要采取一些必要的措施来控制无损检测的质量,这些措施主要包括:

①无损检测说明书和使用的检测程序应由质量检测部门批准;

②参与检测的技术人员,必须经培训,考试合格后,持证按级上岗。定期进行观察力和对带有已知缺陷的标准样件进行检查的考核;

③建立成型工艺过程和最终验收/拒收的实际验收标准,供检测人员使用;

④无损检测仪器的校验设备,包括带有已知缺陷的质量控制标准样件,均应定期

进行鉴定；

⑤建立无损检测程序项目生效的审查和批准手续(制度)。

3.3.3 破坏性试验

当单独用非破坏性技术不能保证部件的结构完整性时,经常采用破坏性试验来加以确保。这些试验包括:周期性地解剖部件以检测复杂结构的内部;从部件的多余部分切下试件进行力学试验,如图 3.3 所示。

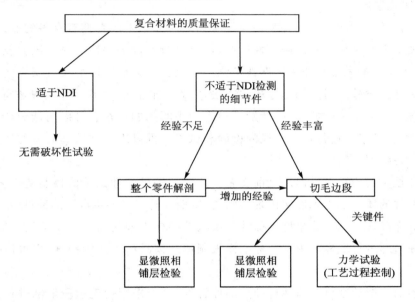

图 3.3 破坏试验的应用

1. 试验方法

破坏性试验主要有两种:解剖整个部件或检验部件的毛边段。一般对由新模具加工的首个部件完全解剖,进行完整的检验,但是其实施是昂贵的。只要有可能,更可取的方法是检验多余的毛边段,这样不会破坏部件并仍可检验结构细节,还可得到力学试验件。

(1) 全部件解剖

当提到破坏性试验这一术语时,经常设想的是全部件解剖的方法。因为这种方法使部件无法继续使用,应对符合下列情况的部件使用全部件解剖:

①用 NDI(无损检测)不能充分检测的区域;

②部件复杂并且对此结构形式或制造工艺的工作经验较少;

③部件为净切毛边,无法用余量切毛边区或部件延长区来检验所关心的细节区。

（2）切毛边段

检验和试验切毛边段可达到质量保证和成本之间的平衡。切毛边段可以是部件中有意设计得超出修边线的延展段，或可能由部件内部开口区域截取的部分。从细节区切割的片段可以检查其差异，可由该片段加工出试样并进行力学试验，以确保部件的结构能力并检验制造工艺的这种方法可满足破坏性试验的要求和工艺过程控制的要求。

2. 实施指南

破坏性试验的频率视部件类型与经验而定。如果生产者拥有众多的制造经验，可以不要求复杂部件的定期破坏性试验，而仅进行首件的解剖。对于经验较少的复杂部件，更可取的做法是加大定期性检测的间隔。对关键的影响飞行安全的部件必须考虑破坏性试验。对于切毛边段的方法，因为成本很低，可用较小间隔进行定期的破坏性试验。对于关键的部件，特别希望进行小间隔的检查。可以用低于全部件解剖的成本，较频繁地进行切毛边段的检验和试验。可以用较频繁和简易的切毛边段检验，来增强质量保证工作。

破坏性试验应在部件出厂之前实施。用定期的破坏性试验监控制造工艺过程，以保证部件的质量。如果确实出现了问题，定期检验可以界定可疑的部件号，无须检验所有的零部件系列。如果许多部件都反映着同样类型的结构和复杂度，可以将它们汇集在一起进行取样。由一个标准样板制造的模具所生产的部件，也可以合并在一起。

典型的取样计划可以包括首件全部件解剖，接着采用切毛边段解剖进行定期检验。定期检验的间隔可视成功率而变化。在几次成功的破坏性试验以后，可以加大间隔。如果在破坏性的试验中发现不合要求区域，可以缩短检验的时间间隔。如果在使用中发现问题，可以对相同生产系列的部件进行补充的解剖，以确信该问题是孤立的。对于首件检验，可以选定最初几件成品之一来代表首件，不规定必须是第一个制造的结构件，其理由是：①由已有的经验可知，首件成品可能不代表生产运转的特征；②有工艺过程问题或差异的其他部件可能揭示更多的信息。

在破坏性试验中，可能检验的区域和项目包括：

①部件内的主要载荷路径；

②无损检测中显示出迹象的区域；

③靠近共固化细节件的模具分界处；

④斜坡段的减层区；

⑤铺层起皱；

⑥贫脂区和富脂区；

⑦转角半径和共固化细节件；

⑧芯子与面板填充；

⑨带坡度的芯子区。

3. 试验类型

全部件解剖和切毛边段均包括细节区检验。在对细节区机械加工后,可以进行显微照相以检查微观结构。另一类型破坏性试验是铺层复核。为验证铺层是按正确的叠层顺序和方向铺贴,仅需要对一小部分进行揭层或磨削。对于机械铺贴的情况,在初始确认后就不再需要进行此程序。对于诸如铺层铺贴、可能的铺层起皱和孔隙率等项目的检查,可以在紧固件孔位置处获取初始的芯塞,并且进行显微照相。

当从切毛边段得到机械加工的力学试样时,应当按照部件或部件在该区的关键失效模式,对试样进行试验。试验所设计的典型失效模式是无缺口压缩、开孔压缩以及层间拉伸和剪切。

3.3.4　检测工艺流程

（1）制造检验将包括全面监督,以证实以下几点：

①制造工装已被有条件地接收,直至由工装试生产的零件被验收为止；

②材料和材料的使用被控制；

③所有的测量和试验设备的校准是有效的；

④工艺规程图样保持与制造计划一致。

（2）在制造工序中增加的验收将证实以下几点：

①工装的准备；

②层数；

③铺贴后的单层取向；

④单层修正操作的稳定性；

⑤在模具上的正确铺贴。

（3）在固化之前的工装组装、装袋应被证实是正确的,并进行泄露检查。

（4）在固化期间,用记录在工序控制卡上的最后验收数据对压力、真空度、温和闭模时间进行控制。

（5）根据工程图样和工艺规程,在固化之后要完成目视检查、尺寸检查和无损检查。

（6）所出现的任何偏差均应标注,产品则交工程部门处理。

（7）工序控制的试验将由质量保证实验室进行检测并给出书面检测结果。如图 3.4 所示的是典型的检验工作流程。

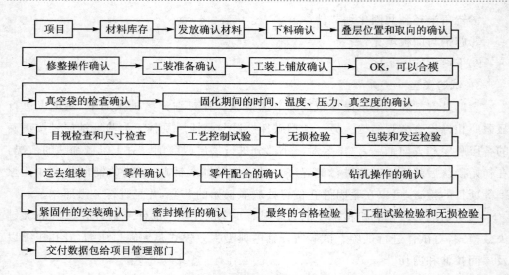

图 3.4　复合材料结构制造中检验工作流程

3.3.5　验收/拒收标准

通常缺陷的验收/拒收标准,是按缺陷的类型、几何特点分类对待。一般将缺陷分为单个独立分布和连续呈片状分布两类,然后根据所在结构中的部位、结构受力类型分别进行验收/拒收。最终验收程序和质量控制标准应能够充分保证复合材料成品符合其设计要求,同时,最终验收记录应能够证明下列用于保证复合材料构件质量的重要生产和质量控制活动均已得到执行:

①来料验收;

②制造和组装工艺过程的控制;

③工装装备及厂房设备的维护;

④检验及实验室测试设备的校验;

⑤零件和结构件功能特性的检查与验收;

⑥无损检测验收;

⑦外形控制;

⑧质量保证部门审查。

需要指出的是,一种结构的验收/拒收标准往往需要在大量试验的基础上才能建立,耗资很可观。目前国内关于复合材料结构无损检测的接收/拒收的标准(包括其他检测标准)还十分欠缺,这里主要介绍根据国外标准给出的一些验收/拒收标准实例。

1. 单个缺陷的验收/拒收标准

　　麦道飞机公司根据复合材料构件的应用部位和结构类型,将结构分为 A、B、C 三个质量等级,每个等级的缺陷验收/拒收标准值不一样,各质量等级中单个缺陷的验收标准如表 3.3 所列。表中 $2Z = X + Y$,其缺陷的评级方法如图 3.5 所示。

表 3.3　不同质量等级的 Z 值

质量等级	Z 值/mm
A	9.5
B	12.5
C	19.05

2. 片状缺陷的验收/拒收标准

　　对于分布性缺陷(如疏松或富脂区),通常按面积评定验收,表 3.4 是片状缺陷的验收标准,表中 L 代表检测面积的长度,W 代表被监测面积的宽度。缺陷区域的评定方法如图 3.6 所示。针对各具体缺陷的验收/拒收标准参见表 3.4~表 3.5。

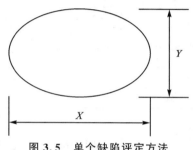

图 3.5　单个缺陷评定方法

表 3.4　不同片状缺陷的允许值

质量等级	构件长宽比$(L/W)>(10/1)$, 最大缺陷面积 64.5 cm²	构件长宽比$(L/W)<(10/1)$, 最大缺陷面积 64.5 cm²
A	10% 或 64.5 cm²	10% 或 64.5 cm²
B	15% 或 9.67 cm²	15% 或 23.2 cm²
C	25% 或 16.125 cm²	25% 或 38.7 cm²

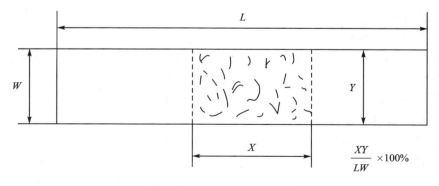

图 3.6　片状缺陷的评定方法

表 3.5　层压板结构中易产生的危害性缺陷及验收标准

缺陷类型	说　明	验收标准
气　孔	这类缺陷直接影响到材料的强度,用单位体积所含气孔来进行评定	1. 射线照相黑度大。 2. 超声衰减大: 　10 MHz 时不允许超过 75%; 　5 MHz 时不允许超过 50%; 　2.25 MHz 时不允许超过 25%。 3. 疏松类缺陷按表 3.3 评定验收
孔边缘分层	常出现在预制孔周围	不允许超过 4.26 mm
富脂区	局部树脂过量引起的	按片状缺陷验收,超声衰减按此表验收
外来夹杂物	非设计组成物的混入	射线检测时,随外来物不同呈现不同黑度差,按整个缺陷评定验收
分　层	内部分层按单个缺陷评定验收	
裂　纹	不允许存在	

3.4　制造符合性检查与质量控制体系

3.4.1　制造符合性检查

制造符合性检查(Conformity Inspection)贯穿于型号合格审定的全过程。该项工作由适航当局制造检查人员完成,他们的基本职责是判明试验型产品是否符合审定的图样、说明书,并协同适航当局工程代表批准那些需经实物检查或试验验证才能做出最终评价的设计项目。试验型产品是否符合图样、说明书,对于判明设计符合性起着关键的作用。

1. 制造符合性检查的要点

制造符合性检查是一项非常繁杂、须认真对待的工作。以下是 FAA 要求的制造符合性检查的要点,可供国内相关人员在具体检查时参考。

(1) 对产品进行制造符合性检查,主要分三个步骤:

① 检查原材料等是否符合图样的要求;

② 检查实际的制造过程是否符合图样的制造要求;

③ 检查完工产品是否符合图样的接收要求。

(2) 在适航当局制造检查代表进行检查之前,制造商必须全部完成对产品的首次检验与试验,但对一次性或费用昂贵的试验,制造检查代表可与制造商一起进行符合性检查。

（3）对于适航当局要求进行检验或试验的所有项目,申请人必须在检验和试验之前向适航当局递交一份符合性声明(可参考 FAA 表格 8130-9 制定)。

（4）原则上说,适航当局要对零件制造过程、试验等进行百分之百的符合性检查和目视观察。但实际上只能按一定比例进行抽查。抽查比例要视适航当局的能力、对工厂的信任程度及结构复杂性和重要性等因素而定。

（5）制造符合性检查可以由适航当局制造检查代表或委任代表完成。主要有两方面的工作:

① 亲自检查;

② 检查制造商已完成的检查工作。

（6）所有的检查工作情况都需要记录在检查记录单上(可参考 FAA 表格 8100-1 制定)。同时还要提交一份试验报告(备忘录)。

（7）当试验件在同一制造检查地区办公室(MDO)管辖的工厂中转移时,试验件可以不挂符合性标签;但当试验件转移到另一个 MIDO 管辖的工厂做试验或组装、部装时,则需挂符合性标签(可参考 FAA 表格 8130-3 制定)。

（8）型号检查核准书(TA)由适航当局工程部门颁发。在 TLA 内,局方工程部门向局方试飞员和检查代表提出了应进行的试飞和地面检查项目。

（9）符合性检查请求单(可参考 FAA 表格 8120-10 制定)用于下述情况:

① 负责该项目的 MIDO 需要其他 MIDO 协助时;

② 工程部门要求制造检查人员目视试验时;

③ 由于工业方设计更改等原因要求制造检查人员进行一些特殊项目的检查。

（10）制造检查人员在检查中用到的图样、说明书等资料必须是适航当局委任的工程代表批准的。

2. 制造检查代表与工程代表的关系

在合格审定过程中,适航当局制造检查代表协助适航当局工程代表确定复合材料结构设计是否符合航空规章,把确定复合材料设计是否符合 CCAR 的检查称为复合材料结构条例符合性检查。工程代表通过审核计算报告和试验验证的方法,进行条例符合性检查;而制造检查代表则是用直观的、对产品进行物理检查的方法协助工程代表评审某些设计,进行条例符合性检查。

工程代表与制造检查代表的关系可通过下面几个例子来理解。例如,现场检验某飞机时发现,整体油箱外机翼蒙皮标注有不得踏踩的标志,但由于把手距离太远,加油时维护人员不得不踩在蒙皮上。此时,制造检查代表就应将这种有疑问的设计记录下来并通知有关工程代表,工程代表再将最后的处理意见通知检查代表,必要时可协商解决。又如,进行零件检查时,发现某一零件不符合图样要求,检查代表先在检查记录上记下,再根据工程代表的处理意见进行检查。应强调的是制造人员采取的任何更改措施或处理(报废除外),均要获得适航当局检查代表的批准。此时,检查代表主要负责产品是否符合图样和经工程代表批准的器材评审意见。一般说来,检查代表要尊重工程代表的意见,但他们可以保留不同意见。

3. 型号合格审定任务

适航当局制造检查代表在型号合格审定中有 16 项任务:

(1) 向申请人提供审定中与制造检查有关程序方面的支援和咨询。其目的是将有关检查的要求告知申请人,保证整个审定计划顺利完成。

(2) 参加型号合格审定会议及其他会议,与申请人协调主要的制造状态(包括投料、组装、试飞等)和活动,确定在审定各阶段所要进行的检查项目的百分比。目的是解决制造中出现的重大问题,制订完成符合性检查的进度表。

(3) 确定检查要求,制订实施计划,根据产品的复杂程度及对制造人员的信任程度,确定适航当局的介入程度。目的是完成所有制造符合性检查,确定人力、物力、财力的分配和利用率。

(4) 核查符合性检查所要求的型号设计资料的完整性,并进行符合性检查。目的是确定产品和零部件是否符合设计,并处于安全可用状态。

(5) 与有关工程代表和制造人员协调所有在审查中发现的不符合条例的问题。目的是通过提出问题,协助工程代表的工作。

(6) 评审并批准特种工艺和常规工艺中的质量控制条款。目的是确定所实施工艺是否得到可控制的操作过程,以保证完工产品符合型号设计要求。工艺参数等的评审由工程代表来完成,主要是核查它们是否符合有关标准。

(7) 为了得到其他 MIDO 的协助,提出符合性检查要求。目的是保证在其他地区生产的零件和安装符合设计要求。

(8) 评审在审查期间出现的制造故障,确定所采取的纠正措施是否合理。目的是确定故障原因,减小故障重复出现的概率。

(9) 评审工业方试验的试验装置(包括试验件、试验要求)的符合性,目的有二:

① 确认试验设施是否满足要求,以保证试验结果的准确性;

② 确认试验件构型与工程部门的要求相一致。

(10) 根据适航当局工程部门的授权,观察工业方所进行的正式试验。目的是按工程部门的要求,监控试验,证实试验是按计划和要求进行的。

(11) 在工业方完成耐久性试验或结构试验后,根据需要观察试验件的分解检查。目的是评价试验后试验件的状况。

(12) 颁发原型机专用适航证。目的是确定飞机是否有资格执行所要求的试飞任务,并处于安全可用状态。

(13) 评审试飞用航空器的试验状况及持续适航状态。目的是保证试飞用航空器或组件符合设计要求,处于安全可用状态,为适航当局试飞做好准备。

(14) 参与功能与可靠性试验。目的是协助局方工程部门评审产品。

(15) 根据适航当局工程部门的要求,审查起草的型号合格证数据单的适用性。主要是评审数据单中的生产依据和在此条件下制造飞机的序列号。目的是在完善数据时,提出制造检查部门的意见。

（16）填写相关的型号检查报告（TIR）。目的是根据型号检查核准书对产品的要求,对该产品进行检查或作相关的试验,并用 TR 认寻栏检查。若对 TIR 中各条款表示满意,而未正式填写,可以先颁发型号合格证（TC）。TIR 可以在 TC 颁发后90 天内完成并归档。

3.4.2 质量控制体系和最终验收

1. 质量控制体系

复合材料结构制造过程中的质量控制体系与其他符合性质量管理体系或符合适航要求的质量控制体系基本相同。例如,在质量控制体系中应该包括保证来料质量的复验程序、制造工艺过程的监控及评估成品件与设计要求一致性的试验方法。质量控制体系还应包括在制造过程中及产品最终验收过程中使用的无损检测、破坏试验及目视检查技术的标准。用于确定制造过程中缺陷和损伤的验收合格或拒收标准,应考虑制造工艺和检测的能力,具体指标应以经批准的数据资料为依据并经结构件评定证明来确定。复合材料结构件制造工艺（包括检验）控制如图 3.7 所示,大致可分为预浸料质量控制（包括纤维、基体树脂等原材料的复验）、成型工艺过程质量控

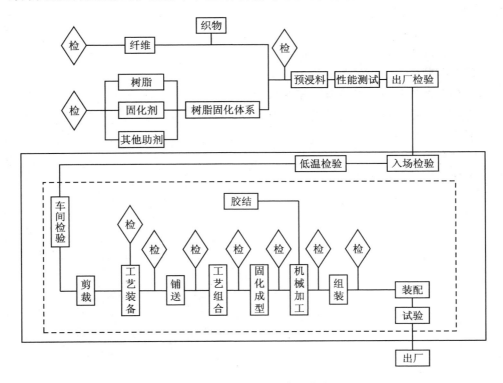

图 3.7 复合材料结构制造工艺流程图

制和机械加工与装配质量控制三大部分。质量控制的关键是提高管理人员、主管技术人员和技术工人的素质。各级人员均须经培训和资格考试,持证上岗。生产流程卡由操作人员填写,要求记录真实、及时,不得追记谎填。技术文件应齐全,归档备查。

申请人应当制订涉及到材料、材料工艺和制造工艺的规范,以确保能生产具有重现性和可靠的结构。规范所允许的差异应当通过试验支持的分析或者试样、元件和子部件级试验进行验证。

在执行积木式试验计划过程中,不断地监测制造的质量,以保证早期所形成的性能数据的有效性。这种操作可能会包括对工艺周期的巡检,来核实较大部件所经历的工艺历程与小元件及试样是相似的。此外,通常采用无损检查(如超声波探伤)来评定层压板的质量(孔隙率和空隙)。也可能用破坏性试验来检验纤维体积含量、纤维排列等。

2. 最终验收

(1) 最终验收程序和质量控制标准应能充分保证复合材料成品件符合其设计要求。

(2) 最终验收记录应能证明下列用于保证复合材料构件质量的重要的生产和质量控制活动均已得到执行。

①来料验收;

②制造和组装工艺过程的控制;

③工装装备及厂房设备的维护;

④检验及实验室测试设备的校验;

⑤零件和结构件功能特性的检查与验收;

⑥无损检测验收;

⑦外形控制;

⑧质量保证部门审查。

第4章 复合材料积木式验证方法及应用

在飞机的复合材料结构中,由于影响复合材料物理性能和力学性能的因素众多,错综复杂,造成复合材料结构具有极高的力学性能分散性和潜在失效模式的多样性。通常采用由试验支持的分析方法,进行复合材料结构设计和审定。它是一个包含试验与分析的复杂过程。通过试验与分析相结合,用试验来验证分析结果,用分析来指导试验计划,降低了整个试验计划的试验费用,又提高了结果的可靠性。

波音公司早在1984年以前,在波音737型飞机水平安定面复合材料结构研制过程中,就采用试验支持的分析方法作为合格审定方法,并取得FAA认可。在航空器设计过程中通常不能采用简单试样的试验数据来预计较复杂结构件或部件的力学行为。通常需用"积木式方法"进行试验验证。由于复合材料对面外载荷的敏感性,破坏模式的多样性,环境影响的严酷性,试验数据的较高分散性,以及缺乏标准的分析方法,"积木式方法"通常被认为是复合材料结构认证/合格审定不可或缺的。

图4.1给出了复合材料积木式方法的示意图。积木式方法从小的试样开始,中间经过结构元件和细节件、组合件或子部件,最后到全尺寸结构部件试件,试件的复杂性逐渐增加,而数量逐渐减少,以试样级的试件复杂性最低,数量最多,形如金字

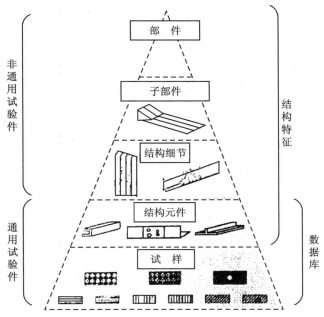

图4.1 复合材料积木式方法示意图

塔。各个相邻块之间相互关联,每个层级都是建立在以前各不太复杂层级所积累知识的基础上。要精确地解释任何层级的试验数据,通常都要依赖其他层级的试验和分析结果。还要指出,积木式方法的难点是设计能准确模拟结构复杂性的试件;并且试验验证工作应当致力于结构的最关键设计特征。

在复合材料结构研发过程中,需要制订一个积木式试验计划。它是申请人适航符合性验证的重要组成部分,也是适航当局合格审定的重要方面。在制订积木式研发计划时,采用大量低成本的小试样试验,只需要少量较贵的子部件和全尺寸试验件,这可达到投资的高效率。并且,可在复合材料结构研制过程中,能在早期更有效地评估技术风险。复合材料结构设计成功与失败的风险程度取决于积木式计划。对于新材料和新工艺,需要对积木式方法的每个层级进行必要而充分的评价。

图 4.2 给出了复合材料积木式计划的典型流程。在该图的第一部分(初步设计)中,采用小的试样和元件试验,来确定基本的材料无缺口静力性能、一般的缺口敏感性、环境因子、材料工作限制(MOL)以及层合板的疲劳响应。提供第一轮的设计和计算分析数据,包括确定材料分散系数和材料许用值,评价试样和元件的失效模式以及初步的层合板分析,并同时确定结构外载荷和给出初始尺寸。

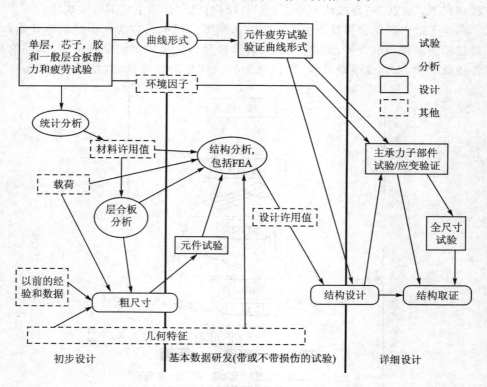

图 4.2　复合材料积木式计划的典型流程

在图 4.2 的第 2 部分(基本数据研发)中,采用由第 1 部分给出的数据来计算内力,识别关键区域,预计关键失效模式。设计更复杂的元件和组合件来验证分析结果和失效模式。对于更复杂的试件,这些数据将用来分析和验证更加复杂的静力和疲劳情况,特别注意评定面外载荷及识别未预料到的失效模式,还将处理尺寸效应和结构响应问题。积木块的最后一个层级是全尺寸结构的静力和疲劳试验。这个试验用来验证所分析的结构内力、变形和失效模式;并验证没有出现过的未预料到的重大次级载荷。

应该指出,在复合材料结构的实际研制过程中,可能会采用初步的、估计的设计许用值来完成零件、元件以及组合件的初步设计分析;并在得到设计许用值前,就已经开始或完成了元件和组合件的试验。但是,在开始全尺寸结构试验之前,应当确定设计许用值。

虽然积木式方法的概念在复合材料工业界得到广泛的认可,但其应用的严格程度各异,而其细节也未达到通用程度。因此,目前的积木式方法还不具备形成标准化的条件,还没有一套标准而通用的积木式方法。虽然已经对最低层级的试样试验给出了试验数量与材料基准值之间的关系,但对较高层级的积木块,所用的试件数量则多少有些随意,并大多基于设计与使用经验以及结构的关键性、工程判断和费用情况。

在制订积木式试验计划的过程中,建议飞机复合材料结构制造商与合格审定机构进行协商;或者与合格审定机构合作共同制订检验计划,以便得到合格审定机构的批准。经过批准的积木式试验计划也是复合材料结构研发计划的管理工具。

4.1　各层级积木块的功用

4.1.1　复合材料结构研制的三个阶段

(1) 预研阶段

此阶段的试验用于证明新设计概念、结构生产技术和制造工艺的可行性,并用技术储备降低技术研发风险。

(2) 研发阶段

此阶段的试验用于建立数据库(包括材料性能、连接特征等),并用于工艺的认证。它支持产品的设计改进。在这个阶段所进行的合格审定试验,用于验证结构的完整性,并表明对适航性要求的符合性(包括静强度和疲劳强度、环境影响以及无损伤扩展验证等)。

(3) 全尺寸结构试验验证

复合材料结构的合格审定,需要全尺寸结构试验验证。对环境影响的充分考虑,通常基于积木式试验计划,而不是环境状态下的全尺寸结构试验。全尺寸结构试验可在室温/大气环境下进行。

4.1.2　积木式方法的基本构型

不同用途的飞机,均采用积木式复合材料结构研制计划。虽然,对不同用途的飞机所采用的积木式方法存在某些差异,但大多数情况下是类似的。图 4.3 给出了民用飞机积木式试验方法的基本构型。这种积木式方法在波音 777 型飞机尾翼复合材料结构研发中得到了应用。如图 4.3 所示,民用飞机的积木式方法共 6 块,分为 3 组,即材料性能确定（A 组）、确定设计值（B 值）和分析验证（C 组）。

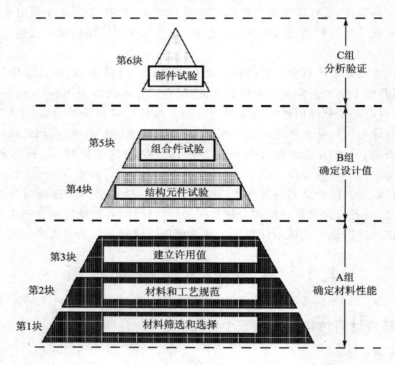

图 4.3　民用飞机积木式方法

4.1.3　材料性能的确定

如图 4.3 所示积木式方法的 A 组可用于选料和编制材料与工艺规范,但主要用于确定材料的一般性能。因为在该组中需要较多数量的试件,通常采用小而不太复杂的试样进行试验。

（1）材料的筛选（第 1 块）

通过收集相关材料的性能数据,对某个项目决定选取哪种或哪些材料作为候选材料,然后通过试验和分析,确定对该项目选取哪一种材料。在这个阶段还没有形成材料与工艺规范。因为涉及到的候选材料品种可能较多,试件通常选用小的基本试样。如果必须根据特有构型试件的试验进行最终选材,可能需要较复杂的试件。因为在这个阶段,没有确定材料与工艺规范,不能只依靠试验所得到的数据确定材料的许用值;但可提供材料许用值的估计值,以便用于比较研究和初步设计。随着对材料体系的认识趋于成熟,很可能对这些值进行调整。

(2) 材料与工艺规范的制定(第 2 块)

通过材料筛选过程中的试验和分析,确定对某一项目采用哪一种材料后,事实上已经有了一个初步的材料与工艺规范。在这个阶段,将验证材料与工艺规范,从而对工艺变量如何影响材料行为,加深了认识和了解,形成了材料与工艺规范,并对材料取证。在这个阶段,已识别出一些支持设计所需的关键力学性能,可给出初步的材料许用值,但还不能给出最终的材料许用值。在研究和制定材料与工艺规范的过程中,如果将一些力学性能数据作为确定材料许用值的一部分,则材料与工艺规范不可再进行修改。

(3) 材料许用值的确定(第 3 块)

这一块的目的是通过大量试样级试验确定在不同加载方式、失效模式和环境下的静强度和疲劳寿命试验数据的分散性,提供材料许用值。通常,对准备使用的新材料,所做的大部分试验是在这个阶段完成的,用于确定材料许用值。只有按照材料与工艺规范采购原材料和制造试样,所得到的材料许用值数据才是合格审定机构可以接受的。

在制定材料许用值试验计划时,需要:

①确认层合板性能试验的数据量足以确定 A 或 B 基准的材料许用值,关键的层合板性能包括拉伸强度与模量、压缩强度与模量、剪切强度与模量、层间断裂韧性以及疲劳阻抗。

②考虑所设计结构的使用环境,进行环境试件的试验,确定环境对复合材料力学性能的影响。这些试验数据将用于确定环境补偿系数。

③通过开孔和填充孔试件(具有实际结构的典型紧固件和孔尺寸)的试验,考虑缺口和填充孔紧固件以及拧紧力矩对复合材料力学性能的影响,以便在许用值中考虑缺口敏感性。应当对无缺口和带缺口两种类型给出材料许用值。

④确定铺层构型对复合材料性能的影响。铺层构型包括铺层取向的比例、铺层顺序、层合板厚度,以及单向带/织物混杂等。

⑤定量评估材料的变异性。材料的基本性能数据主要是在这一层级得到的。试件构型对试验数据具有较大影响,波音公司设计了一些标准的试件构型,用于提供设计分析使用的数据。一旦获得了某一材料的性能数据后,对于原材料或工艺的任何变更,都可能需要对积木式计划的不同层级重新进行试验,以维持取证的有效性。

4.1.4　设计值的确定

复合材料结构的设计值,是在确定材料许用值以后,再通过结构元件和组合件(可能还包括子部件)试验确定的。在确定设计值的试验中,试件需要具有结构的初步构型和尺寸。确定设计值的试件可能变得很特殊。因此,其他复合材料结构不能采用此设计值(除非与所设计的结构相似)。

(1) 结构元件试验(第 4 块)

结构元件试验所需要的试件,是某一结构内重复出现的一些局部结构细节。试验的目的是给出一般典型元件性能数据库,用于确定设计值,并可验证结构元件的分析方法和失效准则,给出失效模式。它与确定材料许用值所用试件相比,更贴近实际结构。

在进行结构元件试验确定设计值时,需要考虑到制造缺陷的影响,以便为维修审查委员会(MRB)审查拒收缺陷的标准提供依据;还需要考虑结构对制造工艺的敏感程度,此时,需要用结构元件的试验,来评估任何工艺变化对结构响应的影响;另外,可对结构元件制造冲击损伤,做冲击后压缩强度试验,验证冲击损伤的影响。

典型的结构元件包括:螺栓连接接头、加筋条、曲梁缘条和夹层结构。下面将对这几种典型结构元件做一些简单说明:

①螺栓连接接头

必须用实际的接头构型试验获得螺栓连接挤压设计的性能数据,还要特别注意紧固件的拧紧力矩问题。挤压力与旁路载荷会发生相互作用,此情况下的强度是不可预计的。目前的分析还需要依赖一些真实接头构型试验所获得的交互作用试验曲线。

相对金属材料来说,复合材料层合板具有较低的层间刚度与强度,使得复合材料接头中出现紧固件失效模式概率较大。目前,已经研发了利用紧固件系数的分析方法预计复合材料搭接板接头中的紧固件失效模式。

②加筋条

它是复合材料中的常用构件,用以加强蒙皮或腹板。它可能发生局部失稳破坏,需要通过压缩试验,给出相应的失稳性能数据库,用以支持过屈曲的强度分析方法。

③曲梁缘条

曲梁缘条是有曲度的层合件。这种层合件需要通过曲梁元件试验获得相应的性能数据。这些性能数据对工艺特别敏感,可以用来评估工艺敏感性。

④夹层结构

分析夹层结构强度时,通常需要相应的试验数据。在制订相应试验计划时,需要考虑到共固化、夹芯和面板厚度及未发现的冲击损伤等因素。

(2) 组合件试验(第 5 块)

组合件是中等复杂程度的典型全尺寸结构件,例如,一段机翼加筋蒙皮壁板。组合件试验用来评价高复杂性组合结构的结构行为和失效模式,验证制造工艺和装配概念,验证结构元件和结构细节的强度,并通过组合件试验评定局部损伤带来的载荷重新分配。相对结构元件试验,它的边界条件和载荷的引入状态应更能代表真实的结构情况。典型组合件试验包括:对角拉伸(剪切)壁板试验,短梁剪切试验,加筋壁板单向或双向加载试验,大开口加筋板试验以及损伤加筋壁板试验等。对于组合件的极限强度,通常用平均值表征。

组合件必须具有足够尺度,以允许缺陷或损伤周围有载荷重新分配的余地。在组合件上可发现次级载荷效应;并且明显可见载荷的分布和局部弯曲效应。同时,面外失效模式也更能代表全尺寸结构。另外,在环境状态下进行组合件试验可能仍然是有意义的,因为失效模式常常依赖于失效环境,它更能反映环境状态下的失效模式(特别是基体控制失效模式)。

通过组合件试验可以验证设计概念和设计细节,评估结构复杂程度和尺寸对基本许用值数据和数据分析方法的影响;并且,通过组合件试验(静力试验)有利于正确地确定带损伤结构的设计值,以及验证损伤结构"无有害损伤扩展"(通过疲劳试验)。在结构元件和组合件试验中,如果在某一类型试件上发现混合失效模式,则可要求较多试验,以确定最严重失效模式。

组合件试验对降低全尺寸结构试验的技术风险起到重要作用。

4.1.5　最终验证

在这个阶段,主要是通过全尺寸结构的静力、疲劳和损伤容限试验来验证静强度、损伤扩展情况、剩余强度和修理后的承载能力及验证结构分析方法。它是复合材料结构合格审定最后的验证工作。全尺寸试验的成功与否直接影响到积木式试验计划成功与失败,也直接影响到复合材料结构的适航取证。

4.2　积木式方法的应用实例试验

4.2.1　波音 777 型飞机尾翼的积木块试验

波音 777 - 200 型飞机的尾翼(包括水平尾翼和垂直尾翼安定面、升降舵和方向舵)、整流罩、地板梁、发动机吊舱、机翼后缘和起落架舱门均采用了复合材料结构。其中,水平和垂直尾翼安定面采用 CFRP 的主扭力盒。主要的连接采用了机械紧固件。

波音 777 - 200 型飞机尾翼复合材料结构的合格审定方法采用的是试验支持的分析方法。支持试验采用积木块试验计划。这些支持试验包括试样级、结构元件级和组合件级。最后,用全尺寸试件在大气环境下进行试验验证。图 4.4 给出了波音 777 - 200 型飞机复合材料尾翼研制过程中采用的积木式方法。对于复合材料结构的环境影响问题,则在试样级、结构元件级和组合件级进行环境试验,并在结构分析中予以考虑。

在编制波音 777 型飞机复合材料尾翼结构的积木式计划过程中,采用了相似结构的设计经验。在波音 7J7 水平安定面和波音 777 预生产型水平安定面计划中,确

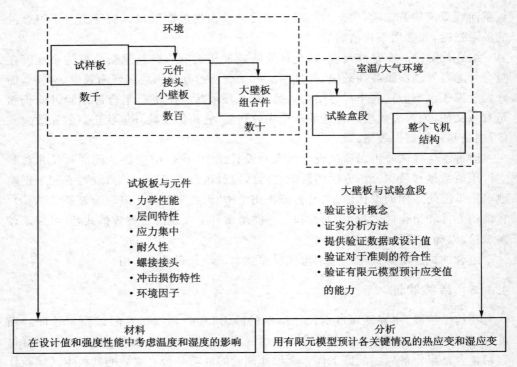

图 4.4　波音 777 – 200 型飞机复合材料尾翼结构的积木式方法

定了用于波音 777 型飞机尾翼结构的分析方法、设计许用值、制造和装配工艺。波音 737 型飞机水平安定面的试验数据和设计经验充实了波音 777 型飞机复合材料尾翼设计的数据库。

1. 试样和结构元件

针对设计中的一系列铺层情况,进行了试样级和结构元件试验,得到每一失效模式和环境条件的层合板级许用应变值;并按 MIL – HDBK – 17 中给出的统计方法,进行了材料变异性分析。

针对层合板级材料许用值(即材料许用值),进行了无缺口、开孔和填充孔构型试件的试验。采用回归分析方法,利用室温试验数据,给出了基于统计的许用值曲线。用较少的环境试验数据,确定环境影响因子。采用了附加试样级试验确定了层间性能,并评定了耐久性、制造异常、胶结修理和环境影响。采用结构元件(例如螺接接头,曲的设计细节和局部失稳试件)试验,对所试验的构型范围给出了专用设计值。采用考虑环境影响的典型组合件试验,验证了设计许用值。

为给出适应实际生产情况的统计许用值,试验材料多达 16 个不同批次,包括来自两条碳纤维生产线和 3 个预浸料生产设施生产的预浸料。在许用值数据库中,包括约 25 种不同的层合板铺层,其中 0°纤维的含量为 10%～70%,±45°纤维的含量为 20%～80%。

试验件包括波音 777 型飞机尾翼中的典型层合板,接头和各种结构构型,温度为 $-54 \sim 71$ ℃($-65 \sim 160$ ℉)的吸潮层合板,以及研究工艺规范中所允许制造变化与缺陷影响的试件。在结构元件级,只进行了数量有限的冲击损伤试件的试验。试验件构型包括:矩形试样以及螺栓连接接头、角形构件、I 形剖面构件和剪切壁板等结构元件。表 4.1 给出了试验类型和相应的试验数量。

表 4.1　T800/3900 - 2CFRP 材料试样和结构元件试验的概况

试验类型	试验数量	试验类型	试验数量
铺层特性	235	应力集中	118
长期环境暴露	200	缺陷影响	494
层合板强度	2 334	螺栓连接	3 025
层间强度	574	耐久性	385
圆角半径细节	184	黏结修理	239
局部失稳破坏	271		
合计		8 059	

2. 组合件试验

在波音 777 型飞机复合材料尾翼研制过程中,进行了各种组合件试验,从而确定了点设计值,并确认了设计细节的分析方法。这些设计细节包括:蒙皮面板、梁、肋、水平安定面接头以及垂直安定面根部连接结构等。这些设计值考虑了环境影响,目视勉强可见的冲击损伤和大损伤情况。考虑冲击损伤影响的设计值主要根据组合件试验给出,这是因为关键的冲击损伤位置通常发生在应力集中处(例如检查孔的边缘)或在骨架元件的上方(例如加筋条处的蒙皮)。在确认分析方法和验证所需前强度和损伤容限水平方面,组合件的试验结果是试验验证的重要组成部分。

对较多组合件进行吸湿处理后试验。试件在 60 ℃(140 ℉)和 85% 相对湿度的环境箱内进行吸湿处理,其吸湿量达到平衡吸湿量的 90%。

采用组合件试验的结果,确认以下的重要设计值和分析方法:

①加筋蒙皮壁板的极限压缩强度设计值曲线;

②加筋蒙皮壁板的极限剪切—压缩强度相关曲线;

③加筋蒙皮壁板的压缩及拉伸损伤容限分析;

④加筋蒙皮壁板螺接和胶结修理设计的强度;

⑤蒙皮壁板与后缘肋接头的螺接接头分析与设计值;

⑥水平安定面中心线接头的静力压缩与拉伸强度,以及拉伸疲劳性能;

⑦梁应变分布、腹板和缘条稳定性以及开口处峰值应变的分析方法;

⑧肋剪切带和缘条强度与刚度的分析方法;

⑨肋剪切带开口处的峰值应变设计值。

采用了数种类型的试验,验证使用重复载荷下小损伤无扩展。这些试验补充了全尺寸部件疲劳试验的结果,包括:

①轴向受载的平板;

②剪切受载的带开口平板;

③胶结修理的加筋板;

④腹板开口的剪切梁;

⑤中心线接头加筋板。

表 4.2 汇总了波音 777 飞机尾翼组合件试验。

表 4.2　波音 777 尾翼组合件试验汇总

试验类型	试验数量
螺接接头(主要接头)	110
肋细节件	90
梁缘条局部失稳	50
蒙皮/桁条压缩壁板	26
蒙皮/桁条拉伸壁板	4
蒙皮/桁条剪切/压缩	6
蒙皮/桁条修理壁板	6
蒙皮接头壁板	2
桁条结束段	4
剪切梁	6
总　　计	305

组合件试验计划的主要焦点是主扭力盒蒙皮壁板。这些壁板由具有 I 形截面桁条的整体加筋实心层合板组成。试验件共 10 件,是由 5 筋条 3 肋段组成加强格子的层合板,具有小冲击损伤。这 10 个试验件的试验结果确定了该板的设计应变曲线。根据板的破坏载荷,利用经典的有效宽度分析技术修正法,工程师们导出了设计应变值。验证试验在室温、热湿环境下进行,试验件带有勉强目视可见冲击损伤和典型的制造加工缺陷。

采用 8 块 5 筋条加强板的试验验证了修理理念的正确有效性。3 个试验件包含采用螺接两块钛合金板的修理,5 个试验件包含黏结的预浸料嵌接修理件。所有壁板都表明具有极限载荷的承载能力。6 个试验件做压缩试验。每种修理取 1 个试验件做拉伸试验。2 个黏结修理的试验件做湿热环境下的压缩验证实验。

黏结修理拉伸试验壁板含有冲击损伤,并经历使用载荷下 2 倍寿命的疲劳循环,没有损伤扩展或修理件开胶。

另外的 10 个 5 筋条压缩壁板和 2 个 5 筋条拉伸壁板验证了对各种大损伤的承载能力。损伤形式包括筋条开胶、清晰可见的冲击损伤和蒙皮及蒙皮/筋条元件的切口损伤。前两种损伤类型试件,验证了对规章要求的破损—安全(FAR - 25.571

(b))损伤容限评估的能力,而切口损伤试件验证了耐离散源损伤(FAR 25.571（e）)的能力。

　　剪切—压缩复合加载的 5 筋条板的验证试验证实了剪切—压缩设计包络线。含有小损伤的 6 块板,在专用实验机上以不同的剪切—压缩载荷比,进行了验证试验。工程师们还进行了附加的加筋板试验,以证实特定的设计细节(包括筋条端头、水平安定面中央对缝和后缘肋与蒙皮接缝)是正确合理的。

　　由梁和肋组成的主扭力盒组合件,它的验证试验主要强调证实这些项目的极限强度能力。这些试验包括了冲击损伤和环境影响。

　　组合件验证试验为支持特定设计值的确定和证实分析方法的正确有效性,提供了数据资料。这些设计值和分析方法支持了对 FAR25.307、FAR25.571、FAR25.603、FAR25.605 和 25.613 的符合性。工程师们采用复合材料结构咨询通告中给出的符合性方法,编制出了该支持数据资料。

3. 全尺寸试验

　　波音 777 飞机预生产型 CFRP 尾翼安定面盒段全尺寸试验的试验程序,如表 4.3 所列。该试验是在室温大气环境下完成的。在静力试验中没有采用环境补偿因子,并认为湿热环境对疲劳寿命基本没有影响,故对谱载荷没有采用环境补偿因子。试验过程是在 FAA 的监视下进行的。

表 4.3　波音 777 飞机预生产型 CFRP 尾翼全尺寸试验程序

试验序列	损伤类型和试验载荷
1	预制勉强目视可见损伤(BVID)
2	设计限制载荷下,进行静应变测量
3	做 1 倍寿命疲劳谱试验(50 000 次飞行),采用 1.15LEF(载荷放大系数)
4	设计限制载荷下,进行静应变测量
5	做 1 倍寿命疲劳谱试验(50 000 次飞行),采用 1.15LEF(载荷放大系数)
6	设计限制载荷下,进行静应变测量
7	设计极限载荷下,进行静应变测量(选择情况)
8	2 倍"C"检疲劳谱(8 000 次飞行),带勉强目视可见损伤(BVID)和目视可见损伤,采用 1.15LEF(载荷放大系数)
9	"破损-安全"试验:100%设计限制载荷下,带有小损伤和目视可见损伤,进行静应变测量
10	"继续安全飞行"载荷试验:70%设计限制载荷下,带有小损伤、目视可见损伤和元件损伤,进行静应变测量
11	修理目视可见损伤与元件损伤。设计极限载荷下,进行静应变测量
12	破坏试验,进行直到破坏的应变测量

　　在开始全尺寸结构试验前,首先根据飞机使用和维修过程中可能产生勉强目视可见冲击的情况和结构构形,预制各个位置处的勉强目视可见冲击损伤。然后将全尺寸结构加载到设计限制载荷(水平安定面设计限制载荷状态包括向上弯曲、向下弯曲和不对称弯曲三种载荷状态),进行应变测量。进行应变测量的主要目的是验证设计分析结果。试验结果表明,应变测量结果与分析结果基本一致,稍微偏于保守。另外,还进行了变形测量,以验证结构变形的分析结果,并验证结构变形没有出现不可接受的结果。

　　按照所编制疲劳载荷谱对全尺寸结构进行 2 倍寿命的循环加载试验。疲劳载荷谱中的载荷需乘以 1.15 的载荷放大系数,以考虑疲劳寿命的分散性,达到所要求的可靠度水平。在疲劳循环加载过程中,每 10 000 次飞行进行一次外部检查,每 40 000 次飞行进行一次内部检查。采用超声波无损检测定期检查 BVID 是否有"有害的扩展"。检查结果表明,BVID 无扩展。另外,在 1 倍疲劳寿命和 2 倍疲劳寿命循环加载试验后,各进行一次设计限制载荷下的应变测量,以便调查疲劳循环载荷对结构变形的影响。

　　为确定复合材料结构检查周期,在 2 倍疲劳寿命循环加载以后,需要在全尺寸结构件上引入目视可见损伤(定期检查中容易发现的损伤);然后,再进行 2 倍检查间隔(例如,两次"C"检)的疲劳试验,并用超声波无损检测技术检查所引入的目视可见损伤。验证目视可见损伤"无有害损伤扩展",并在 100% 设计限制载荷下,验证含这些损伤的结构件仍具有承受所要求载荷的能力。

　　为验证复合材料结构在遭受离散源冲击损伤以后,具有承受"继续安全飞行"所要的承载能力,需要在关键性复合材料结构部位制造大的损伤后在 70% 限制载荷下进行剩余强度试验并测量应变。此种情况下,无循环加载要求。然后,对含有目视可见损伤和大损伤的结构进行修理。之后在设计极限载荷作用下,进行静强度验证试验,并进行应变测量,以验证修理部位具有承受设计极限载荷的能力。在这个阶段进行设计极限载荷下的静力试验,既验证了损伤修理后的静强度恢复要求,又与 AC20 − 1078 所提出的"应该在静强度评估中,考虑重复载荷引退材料性能退化"的符合性方法相一致。一般说来,经过疲劳循环加载后,复合材料结构强度不会明显下降。

4.2.2　空客 A310 − 300 型飞机尾翼的符合性验证试验

　　空客公司大型客机系列飞机的复合材料垂直安定面研制始于 1978 年。A310 飞机碳纤维复合材料垂直安定面采用等代设计研制并于 1985 年完成了型号合格审定。在此基础上研制的 A320 复合材料垂直安定面已大量装机使用,并将成果推广应用到 A330、A340 等后续飞机上。A320 垂直安定面适航符合性验证试验已成为空客公司的典型范例。

　　A310 尾翼安定面盒段型号合格审定要求,依据 FAR − 25 − 45 修正案和 JAR − 25 的要求,以及 FAA 的 AC20 − 107A(1983 年)和法国 STPA1981 年 2 月 12 日出版

的《复合材料鉴定技术说明书》NO.81/04 有关条款给予的指导进行确定。

1. 适航符合性验证方法

按适航文件,只要符合结构符合性验证要求,不同的方法都是可以接受的。具体结构的适航符合性验证方法取决于具体的结构、可利用的数据库和已采用的类似结构的使用经验。

A310 尾翼安定面盒段鉴定方法借鉴了 A310 复合材料方向舵使用经验。基于两者设计所用的复合材料相同、使用环境条件相同,而且 40 000 飞行小时的设计服役目标寿命也相同,所以,A310 复合材料方向舵对材料、工艺和结构保护的适航符合性验证方法完全适用于 A310 尾翼盒段适航符合性验证,而结构验证,特别是全尺寸结构验证程序有所修改,如表 4.4 所列。

表 4.4　A310 方向舵和垂尾盒段全尺寸结构验证基本方法

验证内容	方向舵	垂尾盒段
静强度	临界环境条件下,干态原始全尺寸部件试验。辅之以试样、元件试验数据为依据进行分析验证	临界环境条件下,经湿/热人工老化处理后的全尺寸结构件试验。湿度循环影响由试样试验结果确定,辅之以试样、元件试验数据为依据进行分析验证
疲劳	吸湿处理后的次部件块谱疲劳试验。分析方法验证	吸湿处理后的全尺寸结构块谱疲劳试验。温度应力采用机械加载方法施加。试验在环境室内进行,通蒸汽做吸湿处理。分析方法验证
损伤容限	用带损伤或修理后的结构做疲劳和剩余强度试验,继续次结构件试验。分析方法验证	将允许尺寸的损伤和修理引入全尺寸结构试验件,完成静强度和疲劳试验。具有可检损伤的特定的破损安全试验。分析方法验证
颤振	结合刚度试验进行分析	结合刚度试验和地面共振进行分析

注:实验表明湿度循环变化影响较小,而采用 60% 饱和湿含量。

计算分析是结构验证的必要手段,可以更广泛地研究特殊载荷情况和应力分布。随着经验积累,分析工作可以简化。

应该指出,验证试验耗资巨大,环境条件下全尺寸结构试验十分困难,如果知道环境条件对 CFRP 结构强度的影响,就可以简化模拟方法,改进符合性验证方法。

2. 结构适航符合性验证结果

结构选用的复合材料为 T300 纤维或织物增强 Ciba913 或 Hexcel F550 树脂基体(固化温度 125 ℃)复合材料,并建立了材料规范。材料湿态软化温度 T_s 由扭摆试验(TP)测定结果定义。复合材料性能与环境的关系如表 4.5 所列。两种材料湿态软化温度 T_s 均比翼盒的最高使用温度 70 ℃ 高出 25 ℃ 以上,满足使用要求。

表 4.5　复合材料性能与环境的关系

性　能	T300/913	T300/F550
临界使用条件下饱和吸湿量/%	1.2	0.9
湿态软化温度 T_s/℃	97	110

制定工艺规范以保证零件重复制造的质量。规定中特别强调了铺层的方向、顺序和热压固化成型工艺参数的选择。规定了产品质量检查方法与检查步骤,进而规定了产品的允许缺陷。(需根据全尺寸结构试验结果给予评价)

A310 方向舵的设计值在考虑材料使用中可能遇到的临界环境条件的影响后确定。A310 垂尾翼盒的设计值、壁板设计许用应变值是从元件和细节试验中得到的,与长桁模量、肋距和蒙皮开始屈曲值有关。壁板长桁方向压缩许用应变为:根部 0.32%;尖部 0.2%。长桁/肋剪切许用应变为:根部 0.39%;尖部 0.3%。

结构分析采用有限元法计算了所有有关的机动飞行和阵风情况的应变分布,包括金属机身和 CFRP 垂尾盒段之间存在的不同热膨胀变形的影响。

壁板破坏准则按压剪组合公式计算

$$\left(\frac{\varepsilon_{x,c}}{\bar{\varepsilon}_{x,c}}\right)^2+\left(\frac{\varepsilon_{xy}}{\bar{\varepsilon}_{xy}}\right)^2\leqslant 1$$

式中,$\varepsilon_{x,c}$ 为长桁方向压缩应变;$\bar{\varepsilon}_{x,c}$ 为长桁方向许用压应变;$\bar{\varepsilon}_{xy}$ 为长桁/肋剪切许用应变。

壁板的强度校核包括考虑 70 ℃、使用环境下的最大吸湿量的影响。对其他结构件也可以建立类似的破坏准则。

(1) 元件和细节试验

元件和零件试验包括壁板、梁腹板、桁架肋、腹板肋、机身接头、方向舵悬挂接头等试验,试验考虑临界环境条件。

对室温干态下测得的试验结果可采用乘以偏于保守的 0.7 强度降低系数(同环境补偿系数),以考虑高温和湿度影响。

(2) 次部件试验

次部件试验是包括前梁、中部主固定接头和后梁的盒段试验件试验,是与试验大纲相关的全尺寸结构试验的预备试验。试验考虑常规环境和临界使用环境。

次部件静强度的验证是在临界环境条件(吸湿量 1.0%,70 ℃)下进行的。引入冲击、切口、分层等损伤或只保留产品原有缺陷。剩余强度试验用修理后的结构进行。结果表明:没有出现明显的损伤,也未观察到人工损伤的扩展。经湿/热老化、损伤和修理后的结构,在 70 ℃时的刚度相对于室温下原结构刚度下降 10%。

(3) 全尺寸部件试验

试验件由要验证的 CFRP 垂尾盒段和因加载而加强的前缘以及代表方向舵真实弯曲刚度的假件组成。为了验证损伤容限,试验件生产时就引入了人工损伤,包括:边缘分层、蒙皮和长桁间的分层、长桁和肋交接面处的分层,以及层合板中的分层。

试验在环境室中进行。试验计划:

①在室温和 70 ℃条件下,对干态试验件,施加载荷到限制载荷(使用载荷),以验证应变分布和盒段模量。

②试验件吸湿处理达到结构的平均使用吸湿量(约 0.7%)水平,进行疲劳和损伤容限验证试验。

a.在室温条件下,进行 2 倍寿命期的飞—续—飞载荷谱疲劳试验。(施加载荷包括了金属机身与 CFRP 垂尾盒段热膨胀系数不同引起的温度应力附加载荷)

b.经疲劳试验后的试验件,在临界环境条件(试验件含壁板层合板最大吸湿量,70 ℃)下,施加载荷到极限载荷(设计的阵风载荷和机动载荷),考虑疲劳试验时忽略的飞—续—飞过程中温度循环影响而附加的载荷系数(由试样试验确定),进行盒段静强度和刚度验证。

③试验件引入目视可见的损伤(切口或分层),湿态试验件在室温下继续进行疲劳和损伤容限验证试验。试验件含最大吸湿量,在 70 ℃条件下加载到限制载荷,进行破损安全试验。(选择主要的连接螺栓或严重的机械损伤处)

④ 试验件含最大吸湿量,在 70 ℃下进行剩余强度试验。(破坏载荷试验)

3．结构符合性证明结论

结构分析和验证试验结果表明:垂尾盒段满足了与适航规章技术要求有关的静强度、疲劳和损伤容限的要求。

4．结构闪电防护审查

在垂尾结构上部进行了闪电防护检查。检查方法为:以极强的大电流脉冲波(峰值电流为 200 kA)加在翼尖分流器上,结果结构毫无损伤;以扫掠冲击高电流脉冲波(峰值电流为 100 kA)加到 CFRP 蒙皮上,结果仅在一根桁条的间距内引起有限的损伤,而且易于修理。审查结论为:复合材料垂尾结构雷电防护系统有效,满足要求。

4.2.3　空客 A320 型飞机垂直尾翼的符合性验证试验

A320 全尺寸复合材料垂尾结构适航符合性验证试验按 FAA 的 AC.20-107A 指导进行,静强度、疲劳和损伤容限试验在一个试验件上进行。

A320 复合材料垂尾设计方案采用了 A310 复合材料垂尾的主要设计特征。垂尾点高 5.87 m。材料为 T300 碳纤维或织物增强 Ciba913、Hexce F550 等基体复合材料。

垂尾翼盒由工字形前、后梁两侧加筋壳壁板和 11 个肋构成。采用 A310 开发的模块技术制造。

垂尾防雷击系统由带金属避雷针的翼尖整流罩、方向舵金属翼尖整流罩以及金属导电条和搭铁线构成。

1. 符合性验证试验要求

(1) 损伤容限要求

A320 垂尾详细要求如下：

①必须用试验说明，飞机在整个使用寿命期内的临界环境条件下，带有目视不可见损伤的结构能够承担设计极限载荷。(150%的设计限制载)

②对于可见损伤和用预先规定的检测手段易检的损伤，在临界环境条件下，用100%～150%设计限制载荷的静强度试验，及所期望的检测区间的重复多次的疲劳试验进行验证。

③对于明显可见的意外事件损伤，用巡检就容易检测到，可以用施加 70%～100%设计限制载荷的返程载荷、大气环境条件下的静力试验验证。

④检测方法应事先研制好，同时检测区间在损伤达到由结构所要求的剩余强度承载能力确定的损伤极限值以前应该被检测出来确定。A320 垂尾采用了损伤"无扩展"设计概念，检测区间应考虑与所假设的损伤和这种损伤在每次飞行中出现的概率相关的结构剩余强度来确定。

⑤当修补已列入批准的飞机手册时，应该用试验验证，这种修补将使结构恢复达到适航规章要求。

(2) 损伤容限试验所考虑的损伤

A320 垂尾结构具体损伤容限试验考虑了以下损伤：

①固有损伤

制造过程中造成的结构损伤，包括：疏松、分层和胶结不良，将导致使用时发生分层、冲击损伤和钻孔偏差损伤。

②服役损伤

使用寿命期内造成的结构损伤归因于：冲击、雷击、鸟撞、环境效应、系统破坏，将导致开胶。

试件和次部件试验件引入上述固有损伤以确定固有损伤最大的允许尺寸，同时，垂尾在全尺寸部件试验的静强度和疲劳重复载荷试验全过程中均引入固有损伤。

垂尾在使用寿命期内可能引起的损伤主要是外来物冲击，这种损伤在次部件试验件和全尺寸部件试验件中予以考虑。

闪电防护试验用来验证闪电防护系统的效能。采用在全尺寸部件试验件盒段的上部和方向舵侧壁板的有限局部预制损伤来模拟临界雷击破坏。

鸟撞试验，用 3.6 kg 鸟以 472 km/h 的速度撞击进行模拟试验，结果表明没有造成任何前梁部位撞穿或翼盒损伤。因此，垂尾全尺寸结构损伤容限试验大纲不需要考虑由鸟撞引起的意外损伤。

另外，由于辅助动力装置是包容的，可以预计，当其叶片发生破坏时，垂尾不会受到损伤，故也不予考虑。

方向舵伺服控制的控制阀卡滞和方向舵控制失调引起的系统破坏，在垂尾全尺寸部件实验中需要模拟。

　　临界环境(70 ℃、相应湿态)条件在整个垂尾全尺寸部件试验内容中都要考虑。上述损伤,按目视可见程度可以划分为:

　　①不可见损伤(从 2 m 以外目视检查);

　　②可见损伤(从 2 m 以外目视检查);

　　③明显可见损伤(巡视检查即可见到)。

　　对复合材料垂尾全尺寸试验件,在整个试验期间,由于不可见损伤和可见损伤很难划分清楚,因此将难以划分的可见损伤视为不可见损伤。

　　在全尺寸试验件上,所有类型损伤均要考虑,静强度、疲劳和环境试验条件列于表 4.6。

表 4.6　全尺寸试验损伤类型

编　号	损伤/缺陷类型	交付前检查	服役期间检查	验证试验	
				疲　劳[①]	静　力
1	制造缺陷(空隙、分层)				
1.1	允许尺寸(不必修理)	超声检查	否	1.5 倍寿命	极限载荷(热/湿)
1.2	不允许尺寸(修理)	超声检查(目视检查)	1C,4C		
2	大的制造缺陷				
2.1	大面积分层/脱胶(制造缺陷引起)	未被检出	8C	0.5 倍寿命	极限载荷(热/湿)
2.2	拆除方向舵连接区的螺栓和铆钉		1C,4C		
2.3	垂尾盒段和方向舵的划伤		1C		
2.4	方向舵 BRI 悬挂支臂耳片切断 1/3				
2.5	方向舵梁腹板加筋处分层(修理)		4C		
2.6	1# 肋加筋分层(修理)				
2.7	后梁加筋分层(修理)				

编　号	损伤/缺陷类型	交付前检查	服役期间检查	验证试验	
				疲　劳[①]	静　力
3	冲击				
3.1	小冲击损伤,目视不可见	否	否	1.5 倍寿命	极限载荷(热/湿)
3.2	冲击损伤,勉强可检(不修理)	超声检查(目视检查)			
3.3	冲击损伤,在 2m 处目视可见(下次检查时要检出,并修理)	目视检查	1C		
4	意外损伤				
4.1	雷击		巡视可检	一个 A 类飞行	限制载荷(常温)
4.2	严重冲击,明显目视可见				

注:①取载荷放大系数 1.15。

2. 垂尾全尺寸部件试验

静强度和疲劳试验用带有方向舵操纵机构的完整的垂尾,在泡沫塑料堆砌的环境室内进行。

由于要施加载荷,试验件前缘部分加强,但加强前缘并不是验证试验的内容。

由于垂尾(CFRP)和机身(铝)的热膨胀系数不同,在飞—续—飞载荷循环中引起的应力,在疲劳试验以及静强度试验中应加以考虑。

(1) 垂尾全尺寸试验件

试验件在试验前,已引入一些人工损伤,有些损伤在试验件制造过程中早已预制好了,以模拟固有损伤。

多数损伤是由冲击引起的。对冲击的要求是产生可见损伤,或在厚层合板部位,对不可见损伤情况,至少用 50 J 的冲击能量进行冲击。

对于右侧尾翼盒段蒙皮壁板,24 个冲击点的冲击位置、能量水平和损伤尺寸见图 4.5。

方向舵左壁板、梁腹板和一些肋所受冲击总计 24 处。此外,试验件还有 8 处进行了修理,其中 6 处在翼盒上,2 处在方向舵上。

所有修理已在整个试验期间进行了验证,并且列入 A320 结构修理手册出版。

铆接和胶结修理技术都应考虑,但胶结修理仅适用于有限大小的损伤尺寸。

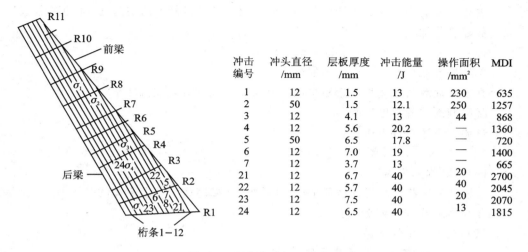

冲击编号	冲头直径/mm	层板厚度/mm	冲击能量/J	操作面积/mm²	MDI
1	12	1.5	13	230	635
2	50	1.5	12.1	250	1257
3	12	4.1	13	44	868
4	12	5.6	20.2	—	1360
5	50	6.5	17.8	—	720
6	12	7.0	19	—	1400
7	12	3.7	13	—	665
21	12	6.7	40	20	2700
22	12	5.7	40	40	2045
23	12	7.5	40	20	2070
24	12	6.5	40	13	1815

图 4.5　翼盒右壁板所受冲击

（2）垂尾全尺寸部件试验目的和试验载荷

试验件静强度、疲劳和损伤容限试验的目的是验证 A320 尾翼有能力承受飞机在整个使用寿命期内的所有的切合实际的载荷。甚至预制损伤结构,在临界的环境条件下也如此。此外,试验应该对损伤的"无扩展"设计概念进行验证。48 000 次起落的使用寿命具有 1.5 的寿命系数(空客公司各机型飞机至少试验到 2 倍设计服役目标寿命,包括 CFRP 尾翼)。静载荷情况具有 1.5 的安全系数。

当使用 1.5 的寿命系数时,对疲劳载荷要乘以 1.15 的载荷放大系数,以计及由于复合材料结构平坦的 S-N 曲线而在寿命方面出现的高分散性。开始进行疲劳试验时,试验件已带有初始损伤,如冲击和分层,同时,这样也就代表了最低的可接受的产品标准。

考虑三种严重载荷情况:

①最大弯矩侧向阵风;

②最大扭矩侧向机动;

③最大方向舵铰链力矩方向舵机动。

飞—续—飞疲劳试验大纲载荷模拟 10 种不同类型的飞行。每种飞行任务段的载荷循环和飞行类型按随机方式模拟。阵风载荷和机动载荷的截取相对于静态限制载荷情况分别达 72% 阵风限制载荷和 81% 的机动限制载荷。低载删除水平分别是18% 阵风限制载荷和 26% 机动限制载荷。一个寿命期包括正常使用情况下的183 440 次侧向阵风载荷循环和 167 520 次机动载荷循环,以及机务人员培训情况下的 35 900 次机动载荷循环。

由于 CFRP 尾翼和铝机身两者的热膨胀系数不同,在主接头耳片处引起的温度载荷用考虑几何位置、太阳光辐射和气动加热的 7 条温度分布曲线模拟。

　　由于方向舵伺服控制失调引起的"强迫操作"和控制阀卡滞引起的"滑动阀阻塞"系统故障已附加在全尺寸试验中验证。

　　(3)垂尾全尺寸部件的试验顺序

　　①结构受载情况下方向舵功能试验

　　在安定面翼盒承受最大弯矩机动限制载荷情况下方向舵偏转±30°。

　　②限制载荷静强度试验

　　试验在下述条件下进行:

　　a.70 ℃和0.72％水分重量含量;

　　b.模拟"强迫操纵";

　　c.设计阵风载荷和机动载荷情况,并叠加70 ℃时机身温度载荷的验证。

　　③48 400次起落疲劳试验

　　试验在下述条件下进行:

　　a.室温和0.72％水分重量含量;

　　b.模拟"强迫操纵";

　　c.疲劳载荷乘以1.15的放大系数。

　　疲劳试验进行到37 496次起落时停了下来,因为前梁左主接头处出现了损伤。这个损伤是因从主接头开始的根部肋连接角材处分层引起的,随后,这个分层在连接层合板中引起另外一些分层,直到连接载荷引起连接部位破坏为止。

　　损伤研究揭示,根部肋连接角材处的胶结和用于传递主接头反作用力的连接是超载的。因此,对根肋角材与主接头和蒙皮壁板用一排附加铆钉连接,并重新固定在全尺寸部件试验件上。此外,试验件的损伤部位被切除,并修理补上。新修理的部分是用埋头铆钉将内部两层CFRP固定接到结构上。

　　为了验证新主接头部位的结构,损伤部位修理后,试验从37 496次起落起继续进行。结构修理后,用已经确定载荷情况的限制载荷进行试验,以验证铆接修理,并且继续完成疲劳试验,进行到48 400次起落。

　　④150％限制载荷静强度试验

　　试验在下述条件下进行:

　　a.70 ℃和1.2％水分重量含量;

　　b.模拟"强迫操纵";

　　c.验证设计阵风载荷和机动载荷情况,并叠加70 ℃时机身温度载荷。

　　⑤引入损伤情况,24 000次起落疲劳试验(损伤容限验证)

　　损伤容限验证,在结构中引入下列人为损伤:

　　a.两肋之间长桁与蒙皮的大面积分层;

　　b.方向舵右侧夹层板、面板与芯材的大面积分层;

　　c.肋和染腹板加强件的分层;

　　d.一个方向舵的支撑接头分层并切去1/3;

e.方向舵连接处有螺钉和铆钉拆除(脱落);

f.方向舵和扭盒侧壁板、梁腹板和连接处划伤。

电液伺服控制阀卡滞引起的系统故障载荷试验,与损伤容限试验一起进行。

试验在下述条件下进行:

a.室温和 1.1% 水分重量含量;

b.疲劳载荷乘以 1.15 的放大系数。

⑥带有雷击损伤和严重冲击损伤结构的 100% 限制载荷静强度试验

由雷击试验获得的雷击损伤加到翼盒和方向舵的上部分。严重的冲击造成的长桁与蒙皮分层面积总计 4 500 mm²。

带有雷击严重损伤结构的试验条件:室温和 1.1% 水分重量含量。

试验成功后,对雷击严重损伤进行暂时性修理。翼盒雷击严重损伤用铝型材和铝板修理,以模拟外场铆接修理。修理后,试验件在 70 ℃ 和 1.2% 水分重量含量条件下,重新试验加载到限制载荷。

⑦疲劳试验至 109 496 次起落

试验在下述条件下进行:

a.室温和 1.1% 水分重量含量;

b.模拟"强迫操纵";

c.疲劳载荷乘以 1.15 放大系数。

⑧剩余强度试验

疲劳试验大纲完成后,进行剩余强度试验。试验条件如下:

a.70 ℃ 和 1.2% 水分重量含量;

b.模拟"强迫操纵";

c.叠加 70 ℃ 机身载荷。

试验加载达到机动载荷情况的 160% 限制载荷,并且结构在机动载荷下发生断裂。

适航符合性验证结论:

①垂尾的静强度、疲劳和损伤容限结果可以认为是对结构设计的很好验证。分析计算结果与试验结果符合较好。

②整个试验原理和完成情况,包括经济方面考虑,是切实可行的最佳适航符合性验证试验方法,成为空客公司新研制产品 A330 和 A340 的基础支持技术。

4.2.4　空客 A380 型飞机水平安定面符合性验证试验

A380 水平安定面是一个尺寸相当于窄体客机机翼尺寸并带燃油箱的安定面,是目前世界上航线使用的最大的带有燃油箱的水平安定面。

A380 水平安定面半展翼长 19 m(A320 机翼半展翼长约 15 m)、表面积 205 m²,结构为双梁多肋结构。碳纤维复合材料结构部分长 18 m。

　　安定面翼盒大梁为 C 形剖面变剖面梁,采用 A340 - 600 飞机机腹大梁单向预浸料铺层制造技术。蒙皮壁板为 T 形加筋整体壁板(18 m 长),采用自动铺带(ATL)工艺铺层,蒙皮铺层预固化后,再铺放 T 形加筋条,采用共胶结工艺成型。加强肋和普通肋为 C 形肋,采用自动铺带工艺铺层或 RTM 工艺成型。大梁、蒙皮和肋使用的材料为高强碳纤维和中刚度高强度碳纤维、180 ℃固化环氧单向和织物预浸料。接头采用钛合金接头。

　　A380 水平安定面与机身采用三个主要接头连接。左、右水平安定面前梁相交,与机身中心线上的铝合金螺杆接头连接(调节操作机构);后梁则分别与机身两侧的铝合金枢轴件(水平安定面调节轴)连接。这样形成了左、右水平安定面根部三角形的连接方式。

　　A380 水平安定面验证要求根据 FAR 25 和 JAR 25 的修正案 25 - 72 的要求而定,推荐的符合性方法与 FAA AC20 - 107A 和 JAA AC ACJ25.603 相一致。

　　(1) 材料和工艺

　　A380 水平安定面所用全部复合材料,包括高强度碳纤维和中刚度高强度碳纤维的单向和织物预浸料、干态织物和 RTM 树脂等均已通过合格鉴定,其中部分材料早已在以往生产的飞机如 A340 - 500/600、EF2000 等上得到应用。预浸料/热压罐成型和 RTM 也是成熟的工艺技术。

　　(2) 设计值

　　设计值由试样、元件和细节件试验结果确定。为了验证 A380 采用的新设计概念,又进行了附加的元件和细节件试验。

　　(3) 次部件和全尺寸试验

　　次部件和全尺寸试验的试验件预制了代表潜在制造缺陷(如空隙、夹杂等)的人工缺陷和冲击损伤、分层等。

　　施加载荷覆盖了水平安定面使用中可能碰到的临界的载荷情况,如静载荷、疲劳重复载荷、油箱区燃油充压载荷和冲击载荷(包括鸟撞)等。鸟撞试验单独进行。

　　对于全尺寸水平安定面结构试验,进行了静力试验和针对金属零件的疲劳试验以及结构损伤容限试验,要求结构完成疲劳和损伤容限重复载荷试验后,仍能承担设计极限载荷。

　　验证试验证实了 A380 水平安定面设计结果和复合材料油箱结构满足适航规章要求。

第5章 复合材料结构疲劳与损伤容限适航符合性验证

5.1 结构疲劳和损伤容限评定依据和证实方法

5.1.1 结构疲劳和损伤容限评定依据

复合材料结构应根据适航规章 CCAR-23.573(a)、25.571、27.571 和 29.571 的适用要求,进行损伤容限、疲劳及损伤容限和疲劳联合评定。这项评定必须表明,飞机在整个使用寿命期内,将避免由于疲劳、环境影响、制造缺陷或意外损伤引起的灾难性破坏。

25.571 结构的损伤容限和疲劳评定(摘要)

(a)总则。对强度、细节设计和制造的评定必须表明,飞机在整个使用寿命期内将避免由于疲劳、腐蚀、制造缺陷或意外损伤引起的灾难性破坏。对可能引起灾难性破坏的每一结构部分(如机翼、尾翼、操纵面及其系统、机身、发动机架、起落架,以及上述各部分相关的主要连接),除本条(c)规定的情况以外,必须按本条(b)和(e)的规定进行这一评定。对于涡轮喷气飞机,可能引起灾难性破坏的结构部分,还必须按本条(d)评定。此外,采用下列规定。

(1)本条要求的每一评定,必须包括下列各点:

(i)服役中预期的典型载荷谱、温度和湿度;

(ii)判明其破坏会导致飞机灾难性破坏的主要结构元件和细节设计点;

(iii)对本条(a)(1)(i)判明的主要结构元件和细节设计点,进行有试验依据的分析。

(2)在进行本条要求的评定时,可以参考结构设计类似的飞机的服役历史,并适当考虑它们在运行条件和方法上的差别。

(3)根据本条要求的评定,必须制定预防灾难性破坏所必需的检查工作或其他程序,并必须将其载入 25.1529 要求的"持续适航文件"中的"适航限制章节"中。对于下列结构类型,必须在裂纹扩展分析和/或试验的基础上建立其检查门槛值,并假定结构含有一个制造或服役损伤可能造成的最大尺寸的初始缺陷:

(i)单传力路径结构;

(ii)多传力路径"破损安全"结构以及"破损安全"止裂结构,如果不能证明在剩余结构失效前的传力路径失效、部分失效或止裂在正常维修、检查或飞机的使用中能被检查出来并得到修理的话。

(b)损伤容限评定。评定必须包括确定因疲劳、腐蚀或意外损伤引起的预期的损伤部位和形式,评定还必须结合有试验依据和服役经验(如果有服役经验)支持的重复载荷和静力分析来进行。……使用寿命期内的任何时候,剩余强度评定所用的损伤范围,必须与初始的可觉察性以及随后在重复载荷下的扩展情况相一致。剩余强度评定必须表明,其余结构能够承受相应于下列情况的载荷(作为极限静载荷考虑):①限制对称机动情况;②限制阵风情况;③限制滚转情况;④限制偏航机动情况;⑤对于增压轮;⑥对于起落架和直接受其影响的机体结构。

(c)疲劳(安全寿命)评定。如果申请人确认,本条(b)对损伤容限的要求不适用于某特定结构,则不需要满足该要求。这些结构必须用有试验依据的分析表明,它们能够承受在其使用寿命期内预期的变幅重复载荷作用而没有可觉察的裂纹。必须采用合适的安全寿命分散系数。

(d)声疲劳强度。

(e)损伤容限(离散源)评定。在下列任一原因很可能造成结构损伤的情况下,飞机必须能够成功地完成该次飞行:①鸟的撞击;②风扇叶片的非包容性撞击;③发动机的非包容性破坏;④高能旋转机械的非包容性破坏。损伤后的结构必须能够承受飞行中可合理预期出现的静载荷(作为极限载荷考虑)。不需要考虑对这些静载荷的动态影响。

FAR-25.571对复合材料损伤容限和疲劳评定并没有特殊条例,AC20-107B提醒在执行中要注意有些影响因素是独特的。

FAR-23.573(a)对主要复合材料机体结构证实规定了如下要求,包括对损伤容限、疲劳和胶结连接的考虑。虽然这是针对小飞机的法则,但通常预期对运输机和旋翼机类飞机会采用同样的性能标准。

23.573(a)对复合材料机体结构损伤容限和疲劳评定要求如下:

复合材料机体结构。复合材料机体结构必须按本条要求进行评定,而不用23.571和23.572。除非表明不可行,否则申请人必须用CCAR-23.573(a)(1)至(a)(4)规定的损伤容限准则对每个机翼(包括鸭式、串列式机翼和翼梢小翼)、尾翼及其贯穿结构和连接结构、可动操纵面及与其连接结构、机身和增压舱中失效后可能引起灾难性后果的复合材料机体结构进行评定。如果申请人确定损伤容限准则对某个结构不可行,则该结构必须按照CCAR-23.573(a)(1)和(a)(6)进行评定。如果使用了胶结连接,则必须按照本条(a)(5)进行评定。在CCAR-23.573要求的评定中,必须考虑材料偏差和环境条件对复合材料的强度和耐久性特性的影响。

(1)必须用试验或有试验支持的分析表明,在所使用的检查程序规定的检查门槛值对应的损伤范围内,带损伤结构能够承受极限载荷。

(2)必须用试验或有试验支持的分析确定,在服役中预期的重复载荷作用下,由疲劳、腐蚀、制造缺陷或冲击损伤引起的损伤扩展率或不扩展。

（3）必须用剩余强度试验或有剩余强度试验支持的分析表明，带有可检损伤的结构能够承受临界限制飞行载荷（作为极限载荷），该可检损伤范围与损伤容限评定结果相一致。对于增压舱，必须承受下列载荷：

（i）正常使用压力与预期的外部气动压力相组合，并与临界限制飞行载荷同时作用；

（ii）1 g 飞行时预期的外部气动压力与等于 1.1 倍正常使用压差的座舱压差相组合，不考虑其他载荷。

（4）在初始可检性与剩余强度验证所选的值之间的损伤扩展量（除以一个系教就得到检查周期）必须能够允许制定一个适于操作和维修人员使用的检查大纲。

（5）对于任何胶结连接件，其胶结连接评定见 3.8"结构胶结"。

（6）对于表明无法采用损伤容限方法的结构部件，必须用部件疲劳试验或有试验支持的分析表明其能够承承受服役中预期的变幅重复载荷。必须完成足够多的部件、零组件、元件或试片试验以确定疲劳分散系数和环境影响。在验证中必须考虑直至可检性门槛值和极限载荷剩余强度的损伤范围。

依据 FAR - 25.571 和 23.573（a）条款要求，AC20 - 107B 对复合材料结构疲劳和损伤容限给予了符合性证明方法指导。

5.1.2　结构疲劳和损伤容限符合性证明方法选择指南

依据 AC20 - 107B 摘要给予的指导，复合材料结构疲劳和损伤容限符合性证明方法选择指南如下。

1. 分析或试验的性质和范围的确定

对完整结构和/或主要结构段进行分析或试验的性质和范围，取决于以前适用的相似结构疲劳/损伤容限设计、构型、试验和服役的经验。

当缺乏相似设计的经验时，应完成由局方批准的部件、次部件和元件的结构研制试验。（按照 AC20 - 107B，7. b 和附录 3 中讨论的相同原则）

2. 证实方法选择指南

下列考虑对复合材料体系应用是特有的，并为申请方选择符合性证明方法提供指南。在确定损伤容限和疲劳评定的详细要求时，应注意所考虑结构的全面的损伤危害性评定、几何形状、可检性、良好的设计实践和损伤/退化形式。

①复合材料损伤容限和疲劳性能对结构设计细节，如蒙皮层合板的铺层顺序、长桁或隔框间距、加筋元件连接细节、损伤阻止特性和结构冗余度等，有很强的依赖性。

②复合材料结构损伤容限和疲劳评定需要在全尺寸结构或部件试验中证实，除非有相似的设计、材料体系和加载经验，可用于证明有试样、元件和次部件试验依据的分析是适用的。

③如果有充分的"积木式"试验证据，确保所选的重复的和静力的加载顺序得到的结果代表服役情况或能提供一个保守的评估，则最终静强度、疲劳和损伤容限可以

在一个全尺寸结构或部件试验项目中验证。

④在数量有限的全尺寸结构或部件试验中,需要用峰值重复载荷来实际验证复合材料飞机结构的疲劳和损伤容限。因此,对试验件中的金属结构通常要求附加的考虑和试验。

AC 25.571 - 1D 主要提供了金属结构的疲劳和损伤容限指南,同样也适用于复合材料结构。

5.2　复合材料疲劳和损伤容限特性

5.2.1　复合材料疲劳特性

各向同性金属材料在疲劳载荷作用下,可以观察到明显的单一主裂纹有规律的扩展。而大量试验结果表明,飞机结构复合材料在疲劳载荷作用下,表现出非常复杂的破坏机理。

复合材料本身存在有基体开裂、分层、界面脱胶和纤维断裂等多种损伤形式。同时,复合材料对应变,特别是压缩应变尤为敏感。较大的施加应变将使纤维与基体变形不一致,引起基体开裂、界面脱胶乃至分层,形成疲劳源。压缩应变将使复合材料出现纵向开裂或失稳现象,促使分层迅速扩展。复合材料层合板在疲劳载荷的作用下,上述损伤形式相继交错出现,并按择优方向渐进扩展,说明复合材料没有起控制作用的应变能释放机理。具体损伤出现的形式和程度,与材料性能、层合板的铺层,以及疲劳加载类型等因素密切相关。复合材料与金属材料疲劳损伤增长之间的差异可以用图形简略地描述,如图 5.1 所示。图中临界损伤尺寸是指材料或结构"用坏"时的最大损伤尺寸。虽然复合材料的初始缺陷比金属材料大,然而多种损伤形式和

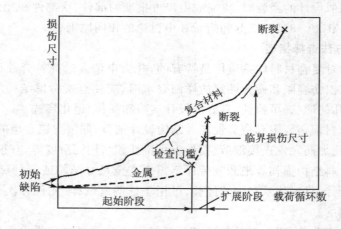

图 5.1　复合材料与金属疲劳损伤增长比较

增强纤维的抑制作用使复合材料疲劳行为呈现出低的缺口敏感性,因而有较大的临界损伤尺寸。

复合材料疲劳应力-寿命曲线(S-N 曲线)平坦,疲劳门槛值大,但是寿命分散性大,而且一般仅有条件疲劳极限。同时,复合材料疲劳性能和其静强度性能一样,易受环境(湿/热)、冲击损伤等影响。

5.2.2　复合材料损伤容限特性

结构损伤容限设计要求认识复合材料的缺陷/损伤、损伤扩展特性及其对结构承载能力的影响,以及损伤阻抗特性。

1. 复合材料缺陷/损伤

复合材料缺陷与损伤包括:制造缺陷、使用/维修损伤和环境损伤。

制造缺陷通常有两类:一类是材料预浸和结构件固化成型过程中产生的缺陷;另一类是结构件机械加工和装配过程中产生的缺陷。典型制造缺陷有:空隙、富胶、贫胶、外来物夹杂、不正确的纤维取向和铺层顺序、划伤、有缺陷孔和过紧连接等。

典型使用/维修损伤有:划伤、擦伤、边缘损伤及外来物冲击引起的分层、开胶、凹痕和穿透性损伤等。

典型环境损伤有:闪电冲击引起的表面烧蚀,分层、冰冻/熔化引起的湿膨胀,热冲击造成的分层和开胶及夹芯结构水分浸入引起的分层等。另外,还包括冰雹冲击损伤等。

损伤容限问题中主要研究孔、冲击损伤、分层三种有代表性、对结构承载能力影响严重的损伤。冲击造成的损伤可以覆盖上述三种损伤形式,冲击损伤形式与冲击能量水平密切相关,如图 5.2 所示。高能量冲击,如鸟撞、旋转机械零件冲击,可以对壁板造成"两跨元件"穿透孔损伤,并带有一些边缘附近的局部分层。中等能量冲击,虽然不产生穿透损伤,但在冲击范围内造成层合板局部损伤和内部分层,以及背面纤维的断裂。低能量冲击在板表面产生目视难以检查的损伤,并在壁板内部形成圆锥形的分层区。低能量冲击损伤是纤维增强复合材料在实际结构应用中经常遇到的主要损伤形式。高能量水平和中等能量水平的冲击可以造成壁板穿透或表面出现显而易见的损伤(EVID),相对容易检测和及时进行修理;低能量冲击对壁板的损伤通常用目视难以检查出来,即目视勉强可见损伤,因而对壁板承载能力形成潜在的威胁,特别是对压缩载荷承载。冲击对壁板造成的损伤是突发性的,壁板性能(刚度、强度)与其相对应亦发生陡然下降,如图 5.3 所示。按目前设计许用应变水平,壁板损伤的扩展将是缓慢的(或基本不扩展),故归入缓慢裂纹扩展范围研究。

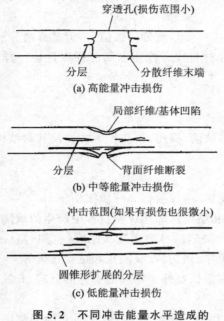

图 5.2　不同冲击能量水平造成的
壁板冲击损伤破坏形式

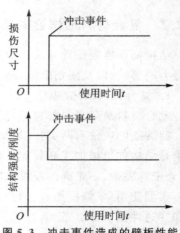

图 5.3　冲击事件造成的壁板性能
突变示意图

2. 缺陷/损伤对复合材料承载能力影响

缺陷/损伤对复合材料承载能力影响严重程度的比较,以静压缩强度和压-压疲劳($R=10$)两个最敏感的性能为例说明。T300/3501-6 材料的试验结构分别在图 5.4 和图 5.5 给出。采用归一化处理,可得疲劳($R=10$)正则化疲劳应变门槛值为 0.6,如图 5.6 所示。可见冲击损伤是结构复合材料最严重的缺陷/损伤形式。

含冲击损伤层合板的承载能力用含冲击损伤层合板的剩余压缩强度即冲击后压缩强度(CAI)表征。目前一般用冲击后压缩强度值的提高来度量复合材料体系改性增韧的效果。1985 年 NASA 制定碳纤维/热固型增韧树脂复合材料标准规范 NASARP1142,对增韧树脂基体给出了性能要求和相应测试方法,即冲击后压缩强度试验方法、边缘分层 G_{IC} 或 G_{IIC} 试验方法,以及开孔拉伸和开孔压缩试验方法,从而推动了增韧热固性树脂基体研究。

3. 复合材料损伤阻抗

冲击损伤引起结构复合材料强度和刚度突然下降的后果,不仅要求开展冲击后压缩强度研究,而且要求开展结构复合材料与损伤事件相关的力、能量或其他参数作用下所产生损伤尺寸、类型、严重程度的表征即损伤阻抗(damage resistance)的研究。损伤阻抗用来度量定义一个事件或其他事件包线的参数(如用规定的冲击头和冲击能量或冲击力进行冲击)与其产生的损伤尺寸、类型之间的关系。

实际上,损伤阻抗与冲击后压缩强度两者是相互关联的。若对增韧树脂体系进

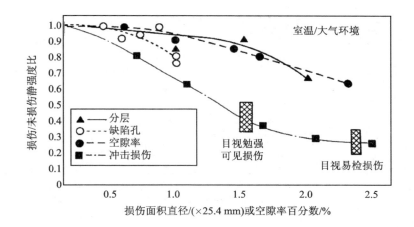

图 5.4 静态压缩情况下缺陷/损伤严重程度比较

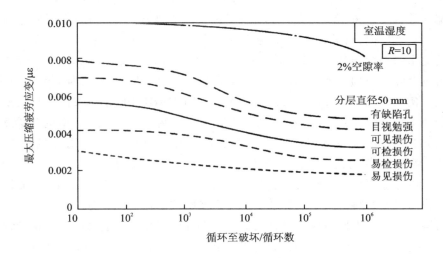

图 5.5 疲劳载荷情况下缺陷/严重程度比较

行更全面的认识,则应该既研究损伤阻抗,又研究冲击后压缩强度(损伤容限),以使结构复合材料对大多数冲击造成的小尺寸损伤的承载能力和对少数穿透或切断纤维开孔的大尺寸损伤的承载能力达到均衡优化。

损伤阻抗与损伤容限的差别在于,损伤阻抗定量描述具体损伤事件产生的材料或结构损伤,而损伤容限阐明了结构对容许的具体损伤状态的承载能力或一定承载能力要求下允许的最大损伤状态。损伤阻抗主要涉及到具体部件的维护修理,和耐久性一样,涉及经济问题;而损伤容限涉及部件的安全使用。

研究表明,层合平板受球形物体低速冲击后,其损伤状态如图 5.7 所示。有三种主要的损伤形式,即纤维损伤(断裂)、基体损伤(开裂、脱胶)、纤维和基体混合损伤。

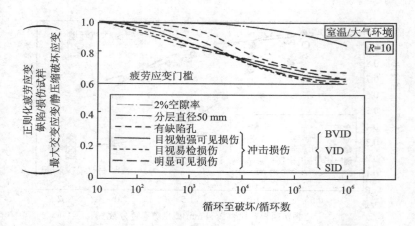

图 5.6　缺陷/严重程度比较——正则化疲劳应变门槛值

损伤尺寸、类型及特征损伤状态（CDS）与材料、铺层方式和外来物形状、尺寸及结构支持情况等有关。树脂增韧提高了树脂基体抗开裂破坏的能力，减小了冲击损伤面积，即改善了复合材料的损伤阻抗，从而可以降低维修成本。增韧树脂基复合材料的价格要比未增韧树脂基复合材料贵一些，因为增韧增加了成本。另外，增韧树脂基复合材料也会降低结构含大损伤或缺口时的承载能力，同样也要增加补强所需成本。

　　现举例 AS4/3501 - 6（碳纤维/脆性环氧树脂）、AS4/PEEK（碳纤维/聚醚醚酮热塑性树脂）和 IM7/8551 - 7（碳纤维/韧性环氧树脂）三种不同类型的复合材料，67 J/cm 冲击能量水平下损伤面积和冲击后压缩强度的比较分别参见图 5.8 和图 5.9。可见，损伤阻抗与冲击后压缩强度两者是相互关联的。

　　为了更好地评价损伤阻抗，美国 1998 年颁布 ASTMD6264—1998《测量纤维增强聚合物基复合材料对集中准静态压痕力损伤阻抗的标准试验方法》。

　　结构件的损伤阻抗与材料、构型、支持状态等密切相关。复合材料结构设计过程中，通常要在材料和结构水平上，对损伤阻抗和损伤容限进行权衡，实现两者的最佳平衡/协调。为此，设计初期就要对若干技术和经济问题进行考虑，重点是设计选材和选择结构构型，这将对材料和制造成本、与检查和修理有关的使用成本及结构重量都有重要影响。

　　由于缺陷和损伤存在的不确定性和可检性限制，必须依赖检查和修理计划来确保结构维持设计要求的功能（承载能力）。编制检查计划的目标是在损伤使结构承载能力降低到设计要求的水平以前，能以可接受的可靠性水平将损伤检查出来。为此，需要对损伤威胁、损伤扩展率、检出概率和临界损伤尺寸有足够的了解，以选择结构每个部位的检查技术和检查间隔，并与全机机体结构检查周期相协调。为避免出现频繁修理，与检查方法对应的所得检查结果所引起的结构退化应加以定量，并用于支持结构剩余强度评定。

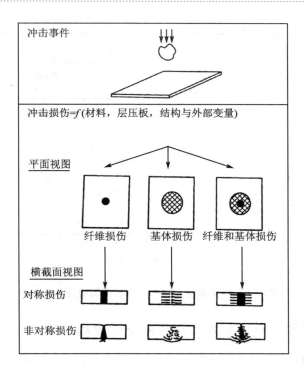

图 5.7　层合平板低速冲击损伤状态示意图

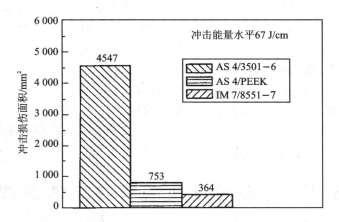

图 5.8　三种类型复合材料统一冲击能量水平下损伤面积比较

　　结构修理需要对损伤部位进行修整或制孔,事实上,这可能会造成损伤区扩大。因此,结构修理设计必须与结构(静强度)设计同步进行,以实现合理修理,避免不当修理引起新的损伤,造成结构提前失效。

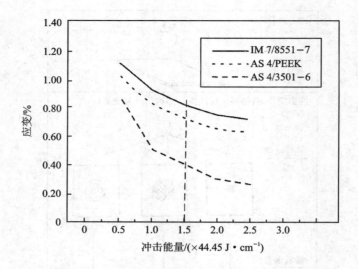

图 5.9　三种类型复合材料冲击后压缩破坏应变比较

5.2.3　结构复合材料疲劳和损伤容限主要特点

结构复合材料目前多为铺层设计的层合结构,已有认知和设计/使用经验表明,其疲劳和损伤容限主要特点有:

①对高载荷、特别是压缩载荷敏感($R=-1$ 或 10,为严重的重复载荷应力比)。

②重复载荷作用下,多种损伤形式竞争扩展(无主裂纹),性能数据分散性大。

③外来物冲击造成损伤、强度陡降是层合结构的主要缺陷/损伤形式:

a. 损伤检查,通常采用目视检查(凹坑深度);

b. 冲击后压缩强度成为材料评定的重要性能指标。

④冲击损伤对结构设计细节有很强的依赖性。

⑤损伤有无扩展、缓慢扩展和阻止扩展三种扩展方式。损伤稳定扩展通常是不允许的,设计时采用阻止扩展措施。

5.3　复合材料结构损伤容限原理

5.3.1　损伤容限的基本要求

损伤容限(Damage Tolerance)——结构属性,容许结构承受给定水平的疲劳、腐蚀,并在意外或离散源损伤后在一个使用期限内保持其要求的剩余强度。即结构存在疲劳、腐蚀或意外损伤情况下,能够承受预期载荷的能力,直至在进行检查或故障修理时,损伤被检出。

复合材料结构损伤容限以损伤可检门槛值为起点,根据损伤扩展特性,剩余强度与损伤尺寸或切口长度的关系,并考虑维修性(经济性考虑),制定设计要求和符合性方法。对离散源损伤按照继续安全飞行和着陆要求进行设计考虑。

复合材料结构损伤容限的基本要求(基于目前损伤检查,通常采用目视检查方法)说明如下:

(1) 极限载荷静强度要求(25.305)

a. 设计允许的缺陷/损伤(指产品验收技术条件中允许的损伤);

b. 在制造和使用中预计最可能出现,但不大于按所选检查方法确定的可检门槛值冲击损伤,不会使结构强度低于极限载荷能力(AC20 - 107B,7.f);

c. 不可见损伤无增长。

(2) 限制载荷——损伤容限要求(25.571.b)

a. 目视可检损伤,损伤有高的检出概率(即穿透损伤、某些元件损伤);

b. 要求检查发现并修理;

c. 分层和开胶/脱胶的加筋板具有损伤阻止扩展特征;

d. 结构具有破损安全(Fail Safety),损伤稳定扩展通常是不允许的。

(3) 继续安全飞行和着陆载荷——损伤容限(离散源)要求(25.571.e)

a. 鸟撞(按规定要求)、风扇叶片的非包容性撞击、发动机的非包容性破坏、高能旋转机械的非包容性破坏;

b. 损伤后的结构必须能够承受完成该次飞行中可合理预期出现的静载荷(作为极限载荷考虑);

c. 如果在结构破坏或部分破坏后引起结构模量或几何形状,或此两者有重大变化,则须进一步研究它们对损伤容限的影响。

5.3.2　损伤容限设计准则

依据 FAR25.571 损伤容限基本要求,各航空公司制定了各型号损伤容限设计准则设计载荷(剩余强度)要求与损伤尺寸的关系,并有以下表示法。

(1) 损伤容限准则——损伤威胁与设计载荷要求表示法

损伤容限设计的结构其损伤后的承载能力满足规章规定的要求,如图 5.10 所示。各类损伤对应的设计准则要求,见 5.4.4 节。

(2) 损伤容限准则——损伤界定设计载荷要求表示法

损伤以目视可检损伤和冲击能量为界,确定损伤容限结构应满足规章规定的设计载荷要求,如图 5.11 所示。损伤可检测性涉及损伤测量、BVID 定义、明显可检损伤定义、支持性实验和分析及松弛回弹行为等。

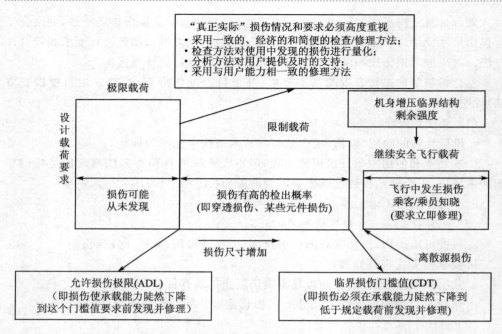

图 5.10 复合材料损伤容限——损伤威胁与设计载荷要求

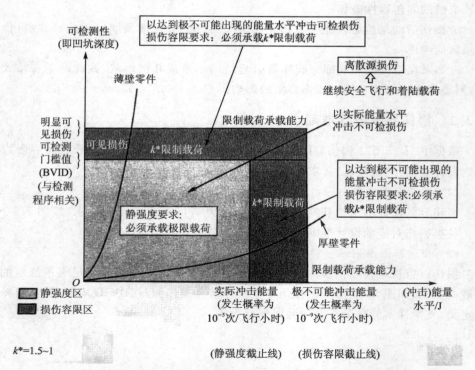

图 5.11 复合材料结构损伤容限准则——损伤界定设计载荷要求

5.3.3　损伤容限评定技术体系

1. 损伤容限评定目的

结构的损伤容限评定是用来保证,即使在飞机的有效期限内出现疲劳、腐蚀或意外损伤,剩余结构仍能承受合理的载荷而不失效或产生过分的结构变形,直到损伤被检测出来。

飞行安全复合材料飞机结构应设计成具有损伤容限的。损伤容限评定应该:

①包括预期的与制造和服役使用相关的缺陷和损伤;

②验证 B 基准值重复载荷寿命,检查间隔等;

③包括 FAA 咨询通告 AC20 – 107B《复合材料飞机结构》和 AC25.571 – 1D 中关于结构损伤容限和疲劳评定的考虑。

结构损伤容限评定旨在确保结构在服役中预期的典型载荷谱、温度和湿度条件下的疲劳、固有的/离散的损伤、制造缺陷或在飞机使用寿命期内发生的意外损伤不引起灾难性破坏。包括考虑将与破损安全设计相关的事例相叠加。

说明:

a. 制造缺陷是指在结构设计允许范围内的缺陷。超出允许范围外的缺陷,将不能避免灾难性破坏。有的损伤或许是不可检的或许是要求必须立即修理的,不一定能等到被检查出。

b. 灾难性破坏对飞机结构而言是指结构完整性降低(不满足要求)导致的飞机总体安全(继续安全飞行和着陆)不能保持而发生的机体结构损毁。

2. 损伤容限评定技术体系

依据 FAAAC20:107B,8"损伤容限评定",损伤容限评定的技术体系如下。

(1) 损伤容限评定的基础工作——损伤确定

①识别其破坏会降低飞机结构完整性的结构。

②完成结构损伤危害性评定。

③损伤确定。

a. 损伤发生时间:制造、使用或维修期间;

b. 损伤原因:疲劳、环境影响、固有缺陷、外来物冲击或其他意外损伤(包括离散源损伤)等造成的;

c. 损伤确定:可能部位、类型和尺寸。损伤的分类、定义与检查、承载要求。

(2) 损伤容限评定的主要内容

①确定结构对损伤扩展的敏感性。

②确定初始可检损伤尺度,要与检查技术相符。

③确定临界损伤尺寸(即剩余强度评定用的损伤尺度,包括损伤检出概率的考虑)。

（3）损伤容限评定的相关问题

①编制重复载荷谱（应代表预期的用途）。

②建立检查大纲，包括检查频率、范围和方法，并列入维修大纲。

③离散源损伤承载能力评定（能够承受飞行中可合理预期出现的静载荷（作为极限载荷考虑））。

④可能导致材料性能退化的影响因素考虑。

5.4　结构损伤危害性评定和损伤类别定义

5.4.1　结构损伤危害性评定要求

损伤容限评定由识别其破坏会降低飞机结构完整性的结构开始，必须完成结构损伤危害性评定来确定在制造、使用或维修期间，考虑疲劳、环境影响、固有缺陷、外来物冲击或其他意外损伤（包括离散源损伤）造成的损伤的可能部位、类型和尺寸。

AC20-107B,8a.(1)(a)给予的指导如下：

（1）针对特定的复合材料结构建立完整的损伤容限评定所需的设计准则或试验和分析草案应用，足够详细的阐明损伤危害性的工业标准，目前几乎没有。在缺乏标准的情况下，个别申请人有责任完成必要的研究工作来建立这些数据，以支持产品的证实。

（2）对具体复合材料结构进行损伤危害性评定要考虑的一些因素包括：零件的功能、在飞机上的位置、过去的服役数据、意外损伤危害性、环境暴露、冲击损伤阻抗、装配结构细节的耐久性（如螺接或胶结连接的长期耐久性）、相邻系统的相互作用（潜在的过热或其他与意外系统失效有关的危害性），以及能引起零件超载或损伤的异常服役或维修操作事故。

（3）由于涉及给定结构的损伤危害性评定与维修规程，应对已知损伤危害性的损伤容限能力和检查能力进行研究。

5.4.2　外来物冲击调查的内容和目的

外来物冲击是大多数复合材料结构关注的问题，在损伤危害性评估中要特别注意，AC20-107B,8.a.(1)(b)给予的指导如下：

（1）对设计和维修，可用的损伤数据，需辨别冲击损伤的严重性和和可检性，并应包含由服役附加冲击的调查收集到的任何可用的损伤数据。

（2）外来物冲击调查，对最严重又很难检测出损伤的冲击确定采用冲击试验。冲击调查包括在典型结构上完成的一些冲击试验，试验结构要满足实际结构的边界条件特征，在调查中应考虑许多不同的冲击情景和部位，其目的是识别最临界的可能冲击（即能引起最严重的但又很难检出的损伤）。当模拟代表性能量等级意外冲击损伤时,应按照载荷条件(如拉伸、压缩或剪切),选用不同尺寸和形状的钝的或尖锐的冲击头,产生最临界和最低可检损伤。

(3) 冲击调查应广开思路,能想象到的冲击,包括跑道或地面碎石、冰雹、工具掉落和车辆撞击等,直至获得足够的服役经验来对能量和冲击头变量做出满意的工程判断。这个考虑在确定设计准则、维修的检查方法以及重复检查间隔时,对损伤危害性评定所用的概率性的假设是很重要的。

(4) 外来物冲击调查对信息搜集和最严重损伤应特别关注。

随时间逐渐积累的服役数据能进一步完善冲击调查和后续产品的设计准则,以及确定更合理的检查间隔与维修措施。当评论这样的信息时,应意识到,仍有可能的最严重、最临界的冲击损伤还没有列入服役数据库。

5.4.3　外来物冲击环境和冲击损伤定义

1. 外来物冲击环境

飞机在制造、使用与维修过程中,可能会受到各种外来物冲击。复合材料壁板结构对冲击损伤的敏感性,要求研究外来物冲击损伤(FOD)环境——冲击损伤源与冲击能量。

(1) 常用工具坠落冲击

常用工具坠落冲击的能量大体如图 5.12 所示,与工具重量、坠落高度有关。工具是钝头或尖头将对复合材料壁板产生不同的影响。

制造和使用过程中,工具箱坠落冲击能量可达 136 J,用直径 25 mm 半球形冲头模拟。

(2) 冰雹冲击

根据气象观测数据定义:

①冰雹尺寸:标准尺寸冰雹(直径 10 mm)占 50%;稀少尺寸冰雹(直径 25 mm)占 5%;极稀少尺寸冰雹(直径 50 mm)占 0.1%。

②单位面积上的冰雹数:即冰雹冲击区单位表面积冰雹数。

③与冰雹冲击能量相关的速度,分地面和飞行两种情况。对冰雹冲击,结构损伤容限有两点需要考虑:

a.对结构不受载情况,飞机地面停放时遭冰雹冲击。

——冰雹直径有 10 mm 和 50 mm(速度 33 m/s,能量 32 J);

b.对结构受载情况,飞行条件下,遭冰雹冲击损伤容限分析考虑(能量、载荷、风险分析)。

——结构行为由试验确定。

(3) 跑道碎石或轮胎碎块冲击

飞机起飞或着陆时可能出现跑道上的碎石、螺钉或轮胎碎块飞起打在飞机机翼、机身下部起落架装置部位。冲击能量由计算分析得到。

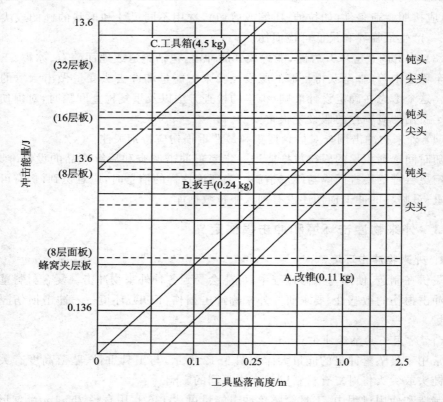

图 5.12　工具坠落冲击能量及钝头和尖头工具使碳纤维层合板产生 BVID 的能量(虚线所示)

　　单独跑道碎石或轮胎碎块冲击不应影响、阻止飞机继续安全飞行和着陆,也不应引发危险的油箱大量漏油。相关分析应以试验结果为依据。

　　(4) 飞鸟撞击

　　飞机起飞和着陆时,可能遇到 1.8 kg 鸟撞击或 3.6 kg 鸟撞击(对尾翼)。鸟撞主要造成机翼和尾翼前缘、机头损伤,但飞机应能继续安全飞行和着陆。

　　(5) 离散源冲击

　　离散源冲击是指具有高能量外来物个体冲击,如鸟撞、旋转部件物体冲击等,其造成的损伤通常是严重、可见、飞行中机组人员可感的损伤。也包括蒙皮—桁条或蒙皮—框被切断的两跨元件损伤。

　　飞机结构使用过程中,结构还可能发生由未知源引发造成的离散源冲击的损伤,如一个框和肋条、蒙皮或肋条破坏的两跨裂纹准则。

　　含离散源损伤的结构剩余强度应能满足成功地完成该次飞行的载荷要求。飞机结构遭遇离散源冲击损伤后,应能够成功地完成该次飞行,并在着陆后立即进行修理。

(6) 维护和修理工具设备碰撞(异常事件冲击)

维护和修理工具设备,如油管嘴、叉车、工作台、配餐车等碰撞飞机会造成结构损伤。工具设备碰撞冲击能量是相当大的,因为事故往往是由于操作失误造成的,而且发生后的损伤即可检,并可立即进行修理,所以不会影响飞行安全。

2. 典型冲击威胁

冲击威胁以外来物冲击发生的概率及结构对冲击的敏感性(损伤的严重性和几何尺寸)描述,并以大量的使用观察冲击事件积累为支撑。某航空公司综合各种冲击事件,得出典型冲击威胁如下(供参考):

(1) 对可能受到冲击的零件表面典型冲击威胁

①35 J 对应 10^{-5}/飞行小时的概率(对应静强度截止线,要求保持极限载荷能力);

②90 J 对应 10^{-9}/飞行小时的概率(对应损伤容限截止线,要求保持限制载荷能力)。

(2) 水平安定面根部/后机身典型冲击威胁

140 J 对应 10^{-5}/飞行小时的概率(对应静强度截止线)。

(3) 门框周围结构典型冲击威胁

132.5 J 对应 10^{-5}/飞行小时的概率(对应静强度截止线);

238.5 J 对应 10^{-9}/飞行小时的概率(对应损伤容限截止线)。

注意:对某些结构,冲击威胁预期可能很小,因此,与冲击能量相关的冲击事件也很少。

3. 冲击损伤定义(按目视可见程度)

(1) 损伤检查

检查损伤的能力是结构维修计划保证具体结构损伤容限的基础。损伤检查方法(包括检查的可达性)应与适当的检查间隔相结合,建立飞机检查程序,使定期检查从开始就能检出损伤,消除可能导致故障的隐患,确保飞机安全。

目视检查方法历来是飞机结构主要采用的检查方法。因为目视检查方法简便易行,经济可靠。可靠是指以目视检查方法确定的损伤程度为依据所设计的结构,往往偏于保守。

飞机结构典型定期检查有:

①巡回检查:地面行走绕飞机目视检查,以发现孔洞、大面积凹痕等易于检查的损伤;

②一般目视检查:对结构较大范围区域的外部和/或内部近距离进行目视检查,以获得冲击损伤的迹象或其他结构异常;

③详细目视检查:对结构局部范围区域的外部和/或内部进行贴近的仔细目视检查,以获得详细的冲击损伤信息和数据,或其他结构异常细节,通常仅在大修时才能进行;

④专门无损检查：采用无损检查方法（如超声、X射线等）对结构具体损伤部位进行定量检查，以确定损伤范围和严重程度（内部损伤等）。

尽管各种先进的无损检查技术发展迅速，可以进行结构大面积快速损伤检查，但由于方法所需设备昂贵，阻碍了飞机运营者采用。因此，目视检查方法仍然是目前结构初始损伤检查的主要方法。再有，硬币敲击法也是一个常用的分层损伤检查方法。

（2）目视勉强可见损伤定义

目视勉强可见（冲击）损伤（Barely Visible Impact Damage，BVID）简称为勉强可见损伤。根据FAR对复合材料结构损伤容限要求和符合性方法，目前各航空公司对BVID在认识上取得了共识，但没有形成统一的量化指标。当采用目视检查方法时，在可靠地检出门槛值时很可能出现的冲击损伤称为目视勉强可见（冲击）损伤。

BVID是小的、采用预定检查方法（目视检查）没有发现的损伤，即损伤不可检且不要求修理。其特征是：含BVID的结构应能承受设计极限载荷；无有害的损伤增长机制，符合FAA AC20-107B.8(a)条款。

波音公司认为，BVID是在定期维修过程中，在有代表性的光照条件（如自然光照）下，从1.5 m距离处进行常规目视检查时没有被发现的小损伤。BVID的量化指标：对详细目视检查和典型凹坑深度，计及松弛变浅后，模具一侧表面冲击为0.25～0.5 mm（使用的最高水平），真空袋一侧表面冲击为1.3 mm，可检概率大于90%。在缺乏数据时，在最长的检查间隔（两个检查间隔时间）结束时，即考虑松弛影响后可继续保留且可检的初始凹坑深度应至少选为1 mm，以保证大于或等于凹坑深度可检门槛值（详细目视检查）。这意味着冲击损伤发生时实时凹坑深度应为2.5 mm（即凹坑深度松弛变浅的倍数为2.5，供参考）。

空客公司认为，BVID是利用预定的检查方法（即目视检查）确定的可检最小冲击损伤，其可检性符合90%检出概率，并具有95%的置信度，同时含BVID的结构应能承受设计极限载荷。BVID的量化指标可以有两个值，分别与一般目视检查（GVI）和详细目视检查（DET）相对应。空客公司对欧洲航线进行调查，搜集到一般目视检查发现的冲击损伤（凹坑深度），取大约100个损伤记录，85%低于空客公司建立的损伤可检门槛值，如图5.13所示。即空客公司BVID（一般目视检查）量化值为2.5 m，空客公司BVID（一般目视检查）与航线检查发现的最小损伤相一致。

对于凹坑深度的松弛变浅现象，空客公司研究结果认为，松弛是导致损伤（凹坑深度）随时间可检查性变差（凹坑深度变浅）的物理现象。发生冲击事件，实时可检的损伤经过一个检查间隔之后，由于力学、温度循环、湿度和环境老化以及温度的原因，可以变成不可检的损伤。

（3）目视易见损伤定义

目视易见（冲击）损伤（Easy Visible Impact Damage，EVID），简称为易见损伤，根据FAR-25.571b条款，是机体结构应能承受限制载荷而不发生破坏对应的最大目视可见损伤，又称为大的可见损伤（Large VID）。EVID损伤应满足：

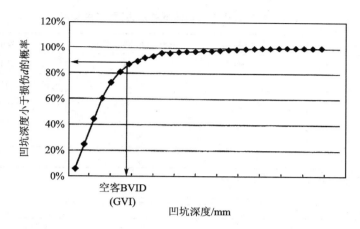

图 5.13　冲击损伤(凹坑深度)累积分布曲线(空客公司欧洲航线调查结果)

①在结构的检查间隔内,假设有一次漏检(即在两个检查间隔内),有代表性的疲劳载荷循环下无有害的损伤增长(由试验确定);

②机体结构剩余强度必须有能力承受限制载荷,直至损伤被发现和修理。

目视易见损伤状态由目视可见损伤和相关的目视不可见损伤两部分构成。

目视易见损伤的尺寸依赖于检查程序和具体结构。与巡回检查(Walk - Around)相关的易见损伤尺寸是根据一个个具体情况而定,典型易见损伤有蜂窝夹层板面板穿透损伤等。

结构剩余强度小于设计限制载荷,但大于持续安全飞行载荷的冲击损伤,可在飞机常规少数几次飞行期间被检出,其上限定为最大目视可靠检出损伤(Max RDD)。

大于最大目视可靠检出损伤的是立刻目视易见的损伤,可能是由未知源造成的大损伤。离散源损伤是发生在飞行过程中的高能冲击损伤,飞行员可以感觉到,可承受完成该次飞行合理预期的载荷。

(4) 目视可见损伤定义

目视可见(冲击)损伤(Visible Impact Damage, VID),简称为可见损伤,是指大于 BVID,小于目视易见损伤(EVID)范围内的所有目视可见的损伤。目视可见损伤同样应无有害的损伤增长机制。

目视勉强可见损伤、目视可见损伤、目视易见损伤三者结合构成了目视(冲击)损伤检查范围。损伤检出概率,BVID 为 0%,目视易见损伤接近 10%,含损伤结构的承载能力要求与损伤检出概率相对应,关系见表 5.1。

4. 损伤容限设计准则要求实例

复合材料机体结构各种冲击威胁和雷击放电威胁的损伤容限设计准则要求实例,分别列入表 5.2～表 5.5,供参考。

表 5.1 含冲击损伤结构的承载能力要求(供参考)

序　号	损伤类型	损伤目视检出概率/%	结构承载能力要求
1	BVID	0	1.5LL(UL)
2	VID	20	1.4LL
		40	1.3LL
		60	1.2LL
		80	1.1LL
3	EVID	100	1.0LL

注:LL 表示限制载荷;UL 表示极限载荷。

表 5.2 损伤容限设计准则要求实例(Ⅰ)——冲击

冲击威胁	准　则	要　求	注
小工具坠落	5.5 J 冲击能量的垂直表面冲击	• 无可见损伤; • 3 倍设计服役目标期(DSO)内不可见损伤无增长; • 在设计极限值中考虑	25 mm 直径半圆冲击头
大工具坠落(BVID)——全部表面(FAR - 25.305、AC20 - 107A)	达到 136 J 冲击能量或基于与检测方法有关的可检测水平,定义凹坑深度截止线(计及松弛)	• 勉强可检测损伤,可以在大修检查周期内不被发现; • 考虑载荷放大系数的 3 倍设计使用目标期内损伤无增长; • 可承受极限载荷	25 mm 直径半圆冲击头
大工具坠落(BVID)重复冲击威胁表面(FAR - 25. 305、AC 20 - 107A)	考虑高于 136 J 冲击能量;考虑复杂、重叠性的冲击;考虑聚集的冲击	• 勉强可检损伤,可以在大修检查周期内不被发现; • 考虑载荷放大系数的 3 倍设计使用目标期内损伤无增长; • 可承受极限载荷	25 mm 直径半圆冲击头
可见冲击损伤(损伤容限 FAR - 25.571b)	冲击能量不是能量截止值	• 可检损伤在大修检查周期内具有高可检概率; • 计划的考虑载荷放大系数的 2 倍检测周期内损伤无增长; • 可承受剩余限制载荷	25 ～ 100 mm 直径半圆冲击头

表 5.3　损伤容限设计准则要求实例(Ⅱ)——冲击

冲击威胁	准　则	要　求
跑道碎石	12.7 mm 直径球形物体,以轮胎切线方向的速度冲击	可承受设计极限载荷和在设计服役目标期内,包括环境影响的损伤无有害增长
地面冰雹——非可拆卸结构	模拟冰雹球体,达 56.5 J 能量的冲击	可承受设计极限载荷和在设计服役目标期内,包括环境影响的损伤无有害增长
飞行中冰雹	模拟冰雹球体以特定飞行速度冲击	• 对小尺寸模拟冰雹球要求极限设计强度,且在设计服役目标期内无水分侵入和损伤无有害增长; • 对大尺寸模拟冰雹,要求限制剩余强度,冰雹尺寸和速度基于统计数据确定
破损安全	当一个结构段,如连在蒙皮和肋上的框或加筋条由于不确定冲击源引起完全破坏的情况下,飞机机体应有能力完成一次飞行	部件试验支持的分析应证实飞机结构将维持要求的剩余强度载荷而不发生破坏

表 5.4　损伤容限设计准则要求实例(Ⅲ)——冲击

冲击威胁	准　则	要　求
鸟　撞	1.8 kg 鸟(对尾翼是 3.6 kg 鸟)在海平面以 V_c 速度或在 2 400 m 高处以 $0.85V_c$ 速度冲击后能连续安全飞行和着陆	• 鸟撞试验在仿真或代表飞机结构设计的部件上进行; • 对现有的相关数据,符合性也可利用分析证明
胶结面的分层或开胶	a. 验证,一个由制造、环境或偶然的因素引起的胶结损伤,不扩展到剩余强度小于限制载荷条件; b. 需设计成具有止扩特征,这样脱胶阻止在相邻止扩特征之间,可保持限制载荷强度	两个检查间隔循环载荷试验后验证剩余强度。在此期间进行检测以判断脱胶或断裂的可能发生
偶然损伤——机身增压舱破坏——来自旋转机械零件的威胁	由于非包容的下列原因引发损伤时,飞机应该有能力完成一次飞行: • 风扇叶片冲击或发动机破坏; • 旋转机械破坏	大部分试验支持的分析应验证预估包容动态穿透损伤对增压机身影响的能力
偶然损伤——机身增压舱破裂开口——突然地泄压	机身增压舱内部或外部结构的破坏要妨碍继续飞行安全飞行和着陆时,必须经得起因任一隔舱开口导致的突然压力下降。如: a. 一个开口,对特殊情况没有要求,达 1.86 m²; b. 开口归因于飞机或相当的破坏概率	这些要求的符合性,通过试验支持的分析完成

表 5.5　损伤容限设计准则要求实例(Ⅳ)——雷击放电

雷击放电威胁	准　则	要　求
高能雷击放电	雷击放电水平复合分区域图	• 无油箱击穿; • 油箱无火花或确定的热点; • 闪电附着防护系统; • 继续安全飞行和着陆载荷
额定雷击放电	接近50%雷击放电能量水平	• 结构不需要修理; • 闪电防护的密封/恢复在某些点位可能是需要的
分流雷击放电	接近80%~90%雷击放电能量水平	• 目视可检的损伤; • 不要求结构立即修理; • 可以要求中期检查; • 延长期后,可以要求永久修理

5.4.4　5个损伤类别定义和结构证实要求

　　AC 20‑107B,8.a.(1)(c)明文规定,一旦完成了损伤危害性的评估,可以把各种损伤分为5个类别,见表5.6和图5.14。在本咨询通告中,这些损伤类别用于信息交流。有助于说明疲劳和损伤容限符合性证明的具体途径的其他损伤类型,申请人在取得适航当局的同意后,也可以使用。

　　需要说明的是,根据损伤危害性评定结果划分损伤类别,"有助于说明疲劳和损伤容限符合性证明的具体途径","用于信息交流"。

　　1类损伤为允许损伤,无修理要求;

　　2类损伤为与定期检查方法有关损伤类别,从可见损伤扩展到易见损伤;

　　3类损伤为巡回检查能可靠、快速检出的易见损伤,应进行日常检查维护修理;

　　4类损伤为离散源损伤(限制飞机动性),应立即修理或更换。

　　1~4类损伤为设计中要考虑的损伤,阐明了设计载荷水平与损伤严重性的关系。需经适航审定。

　　另外,增加了第5类异常事件损伤,以弥补设计和常规检查未能覆盖的损伤事件,实现影响结构安全的损伤完全被覆益,并要求立即修理或更换。FAA/EASA与空客公司、波音公司达成共识:"不是所有的损伤事件(如严重的飞行器碰撞事故)在设计和常规维修中都能够全部覆盖。"结构安全必须警戒超出设计范围的严重事故损伤(定义为第5类损伤)。

表 5.6　5 个损伤类别定义和结构证实要求

损伤类别	定义 （按可检性或冲击源）	结构证实要求 （设计载荷水平或剩余强度要求）	损伤实例
类别 1 允许损伤	定期检查或直接外场检查可能漏检的允许损伤或允许的制造缺陷	结构证实包括保持极限载荷能力的可靠使用寿命的证实。极限载荷能力即含允许损伤的飞机结构在整个寿命期间能保持极限载荷的制造缺陷的能力。根据定义，这类损伤要符合结构符合性证明——静力相关的要求和指南	BVID 和在制造或使用中引起的允许缺陷（如小的分层、孔隙，小的划伤、沟槽和较小的环境损伤）
类别 2 可见损伤	在规定的检查间隔进行定期或有指导的外场检查能可靠检查出的损伤	结构证实包括对可靠的检查方法和间隔的证实，在此检查间隔内要保持超过限制载荷的承载能力。给定类别 2 损伤结构的剩余强度可能取决于选定的检查间隔和检查方法。这种损伤不应扩展，或如果出现缓慢扩展或扩展被阻止，则在检查周期内保持的剩余强度水平足以超过限制载荷能力。即结构应保持足够的剩余强度直到损伤被发现	目视可见冲击损伤（尺寸从小到大）、深的沟槽或划伤、在工厂不明显的制造失误、可检的分层或脱胶以及严重的局部受热或环境退化
类别 3 易见损伤	在事件发生后的几次飞行期间内，即可在使用中被发现，或被没有复合材料检查专业技术的外场维修人员可靠地检出。这类损伤所在部位必须有清晰目视迹象，明显可见，或由于零件变形、配合失效或功能丧失，在短的时间间隔内变成明显可见迹象的其他潜在损伤。 损伤的两种重要证迹，指明了扩大的检查范围，以辨认从零件到周围结构区域的全部损伤	实际上可能需要具有些结构设计特性来提供足够大的抗损伤能力，以保证带有易检的类别 3 损伤时，结构具有承受限制载荷或接近限制载荷的能力。 类别 3 损伤的结构证实包括承受限制载荷或接近限制载荷的能力的可靠和快速检查的证实。 类别 2 和类别 3 损伤的主要差别是后者在经过比前者短得多的规定时间间隔之后，在限制载荷或接近限制载荷时，大的耐损伤能力的证实。对类别 3 损伤的剩余强度验证可能取决于可靠的短时间的检查间隔	在地面巡回检查期间或正常航线运行项目（如油箱渗漏、系统故障或客舱噪声）检查过程中查获的大的 VID 或其他明显可见损伤
类别 4 离散源损伤	由已知偶发事件引起限制飞机机动性的离散源损伤	结构证实包括按规章规定的剩余强度证实。应指出，增压结构的类别 4 剩余强度要求通常比图 5.14 所示的级别更高	发动机叶片破裂、鸟撞（按规章规定）、轮胎爆裂和飞行中严重的冰雹冲击等

损伤类别	定义 （按可检性或冲击源）	结构证实要求 （设计载荷水平或剩余强度要求）	损伤实例
类别 5 异常事件 损伤	由异常的地面或飞行事件引起的,设计准则或结构证实程序并未包括的严重损伤。有些类别 5 的损伤情况并无清晰可见的损伤迹象,特别是在复合材料结构中,但是,无论如何,应从安全保证的相关事件中了解其他证据,并从使用造成的可能损伤的完整报告开始入手	5 类损伤在当前的损伤指南中,是为了确保负责复合材料飞机结构设计的工程师和FAA 与维修机构共同工作,使操作人员意识到可能来自类别 5 事件的损伤和立即向负责维修人员报告的重要性。把结构设计成有足够的耐损伤能力,也是结构工程师的职责,这样,类别 5 损伤事件对参与操作人员来说,其责任也是不言而喻的。与工程的界面是需要的,以便基于可用的异常事件的信息,正确确定适用的有条件检查。这样的活动有助于做好修理之前需要的损伤特性的描述	勤务车辆与飞机的严重撞击、异常的飞行超载状态、非正常硬着陆、维修时千斤顶顶起操作失误和飞行中的飞机零件失落,包括随后可能对相邻结构发生的高能量、大面积（钝头）冲击

注:类别 2、3、4 和 5 损伤均与修理有关。

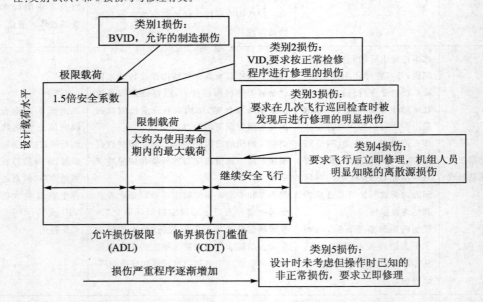

图 5.14　表明设计载荷水平与损伤严重性类别关系的简图

5.4.5　初始损伤假设和意外冲击损伤设计考虑

1. 初始损伤假设

初始损伤假设是损伤容限设计中确定的最大允许损伤,包括可能漏检的损伤或不可检的损伤。

美国空军 AFGS-87221A《飞机结构通用规范》(1990.6.8)中规定,复合材料结构初始损伤假设包括表面划伤、分层和冲击损伤。假设的冲击损伤是"用直径为 25 mm 半球形冲头以 136 J 能量或者产生 2.5 mm 深凹坑所需能量,取其中较小值得到的冲击损伤"。制定这一假设时,认为未检出或不可能检出的能量水平超过 136 J 的冲击损伤的概率足够小,当其与其他要求相结合时提供了高安全水平。对可检性要求,假设目视巡回检查能检出并需要进行修理的损伤,其凹坑深度超过 2.5 mm。

与军用飞机要求不同,民用/商用飞机要求中,按型号推荐损伤可检门槛值或能量水平。民用飞机复合材料结构 AC20-107B,7.f 明文"应该说明,在制造和使用中预计最可能出现,但不大于按所选检查方法确定的可检槛值冲击损伤,不会使结构强度低于极限载荷。"这直接定义了图 5.15 所示的对所用检查方法确定的损伤可检门槛值,即初始损伤第一个截止门槛值。该值在 AC20-107B,8.a.(c)中为 1 类损伤最大值。第二个截止门槛值是对中、厚层合板结构制造和使用中预期可允许的最大冲击能量,通常取 136 J。这两个门槛值假设描述了结构允许的(不要求修理的)最大意外损伤。需要确定这些截止门槛值的最小值,使可检尺寸和所选无损检查方法之间具有一致性,并考虑实际能量水平。

损伤可检门槛值和冲击能量水平截止门槛值构成的图 5.15 中的矩形区域表示含不可检损伤的结构能承受极限载荷而无须修理的区域,适用于使用寿命的起点(如飞机出厂),同样也适用于寿命的最后终结(此时复合材料零件可能已积累了若干低于门槛值的意外损伤)。假设超出图 5.15 中矩形区域的损伤是可检的,并可用装饰性或结构性的方法加以修理,使结构承受极限载荷的剩余能力分别得以保持或恢复。

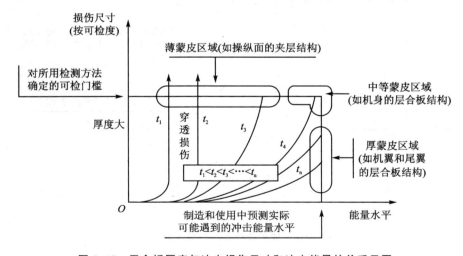

图 5.15   层合板厚度与冲击损伤尺寸和冲击能量的关系示图

初始可检损伤是受过培训的检测人员在定期维修中,用与制造和使用时所用检测技术相一致的方法确定的最大允许损伤(要考虑可能的最大漏检损伤)。

以上论述与 AC20-107B,8.a.(3)关于初始可检损伤的条款内容一致:

"应确定初始可检损伤的尺度,并与制造和使用时所用检查技术相一致。这个信息就自然地确定了类别 1 和类别 2 之间的转换(即受过培训的检查人员在定期维修中所用检查方法)。对在定期维修前可能会被发现的清晰可见尺度的损伤(即允许归为类别 3 的损伤),可允许由未受过培训的人员,在较短的间隔内进行检查。"

2. 意外冲击损伤设计考虑

意外冲击损伤是指超过初始损伤假设的冲击损伤,但不包括鸟撞和离散源冲击损伤。

意外冲击损伤问题有两种情况需要解决:第一种情况,满足静强度要求(按 FAR-25.305)的含损伤结构在承受疲劳载荷时损伤可能扩展,但用所选的检查方法仍然是不可检的;第二种情况,结构所受冲击损伤超出了图 5.15 中所覆盖范围。由于冲击能量水平较高,可能会产生:

①对薄的复合材料层合板(可检门槛值情况),产生较易检出的损伤,并伴随着附加的强度降;

②在冲击能量 E 超过能量截止值 E_{co}。的情况下(即 $E > E_{co}$),除了附加的强度降以外,目视无法检出损伤。

显然还有一个中间状态,即原来不可检的损伤会变成可检的损伤,图 5.16 中给出了在损伤容限验证时必须要处理的损伤情况。

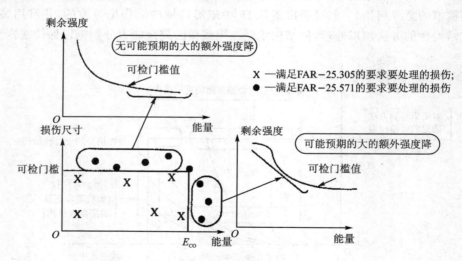

图 5.16　低于极限载荷时考虑的损伤

按照其不同的可检性,要应用 25.571 中的不同条款:

a. 对用所选(目视)检查方法无法检出的意外冲击(指的是在静强度要求的范围内已经考虑的,加上增加能量的冲击),FAR-25.571(b)的损伤容限条款是不实际的。这样,必须要根据条款 FAR-25.571(c)关于疲劳(安全寿命)评定内容来进行验证。事实上,由于在疲劳验证时存在初始损伤,后者通常被称为"安全寿命缺陷容限"或"放大的安全寿命"验证。

　　b. 对目视可见的意外冲击,采用 FAR-25.571(b)损伤容限条款。至于 FAR-25.305 的要求,必须确定新的能量截止值和可检门槛值:

　　(a)要在风险分析中假设一个限制最大值的新的能量截止值,该值应相应于极其不可能的事件(按 ACJ 25 1309,要低于 10^{-9} 次/飞行小时);

　　(b)一个新的可检门槛值,大于它的损伤会成为目视明显可见损伤(即在几次飞行内用巡回检查可检出的损伤)。

　　对在详细的定期检查中可检的损伤尺寸和这一新的门槛值之间,条例文件 FAR-25.571(b)规定了剩余强度要求。没有与明显可见损伤相对应的剩余强度要求,然而,对这种情况,在没有评定出可恢复极限载荷能力以前不允许飞机起飞。

　　此外,必须考虑还有第三种损伤可检性门槛值,这种情况称为离散源损伤,这种事件一旦发生,机组人员即能觉察到,此时要求比较低的载荷。图 5.17 示出了所有这些新的损伤门槛值。

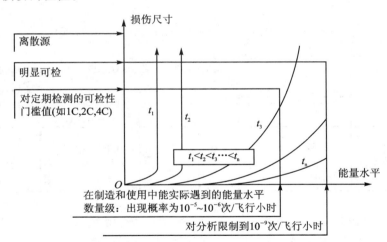

图 5.17　附加的损伤尺寸和能量水平门槛值

　　综上所述,结构复合材料损伤等级和剩余强度评估要求如图 5.18 所示。

5.4.6　损伤结构剩余强度曲线和剩余强度要求

1. 损伤结构剩余强度曲线

　　含损伤复合材料结构基于可检性能力的损伤尺寸与每种损伤尺寸相关的适航规章 FAR 和 JAR 的剩余强度要求关系曲线如图 5.19 所示。

　　(1)目视勉强可见损伤用于确定设计证实分析中使用的强度,符合 FAR25.305 极限强度要求条款。由于目视检查是目前外场使用的主要检查方法,所以使用了目

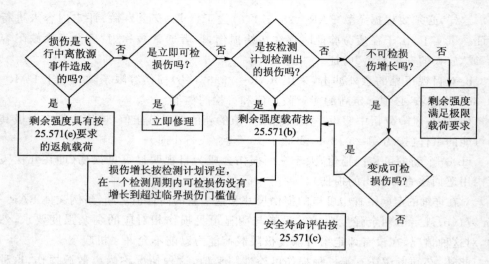

图 5.18　结构复合材料损伤等级和剩余强度评估要求

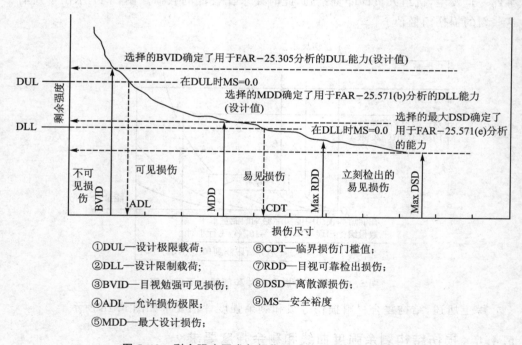

①DUL—设计极限载荷；　　　　⑥CDT—临界损伤门槛值；

②DLL—设计限制载荷；　　　　⑦RDD—目视可靠检出损伤；

③BVID—目视勉强可见损伤；　⑧DSD—离散源损伤；

④ADL—允许损伤极限；　　　　⑨MS—安全裕度

⑤MDD—最大设计损伤；

图 5.19　剩余强度要求与损伤尺寸的关系曲线示意图

视勉强可见损伤的术语。BVID 冲击能量的上限值是实际可能预期遇到的冲击(出现概率为 $10^{-5} \sim 10^{-6}$ 次/飞行小时)能量上限值,如 136 J。对厚层合板,该冲击能量值可能只产生小于目视勉强可见损伤的损伤。对于不同结构和不同公司,冲击能量上限值不同。

(2) 允许损伤极限为剩余强度降低到 FAR25.305 的极限载荷条款要求时的损伤。ADL 是根据结构设计要求确定的设计分析服役损伤尺度。即在结构设计分析中,剩余强度等于设计极限载荷(安全裕度为零)对应的损伤,其值由设计确定,应略大于 BVID,以考虑适当的安全余量(偏于安全)。确定 ADL 是为了支持维修文件,应当给用户提供足够的合理调整飞机维修工作的余地。只要给出带 BVID 的结构强度在设计极限载荷时有正的安全裕度,则相应的 ADL 通常大于 BVID。要用文件说明 ADL 的可检性以及损伤种类和范围的特征,以支持维修计划。设计选择允许较大的 ADL 使修理简化,降低维修成本。

(3) 最大设计损伤用于确定证实分析中所使用的强度设计值符合 FAR - 25.571 (b)损伤容限要求条款。MDD 是结构设计分析中剩余强度略大于设计限制载荷(安全裕度大于零)对应的损伤,其值由设计确定,小于临界损伤门槛值,以留有设计安全裕度。MDD×MS＝EVID(其中,MS 大于 1.0)

(4) 临界损伤门槛值的定义是使剩余强度降低到 FAR - 25.571(b)的条例(或其他飞机的等效条例)要求时的损伤。只要带 MDD 的结构强度在设计限制载荷时有正的安全裕度,则相应的 CDT(安全裕度为零)将大于 MDD。用文件描述 CDT 可检性及这种损伤和范围的特征,以支持确定所需的检查方法和间隔。要证明采用所选的检查技术,能在小于相应 CDT 的实际损伤扩展到大于 CDT 前将该损伤高概率检查出来。

(5) 目视易见损伤能在飞机常规使用少数几次飞行期间地面巡回检查出来。对不易检查出的损伤,应按所有可能的损伤扩展机理对结构进行评定。应该确定认为易见、但不是立刻检出的易见损伤的最大范围。损伤容限的咨询通告 ACJ25.571(a) 允许在一定的载荷水平下证实具有目视可靠检出损伤时的剩余强度,该载荷低于 FAR/JAR - 25.571(b)中规定的载荷水平。

(6) 离散源损伤是大于最大目视可靠检出损伤的损伤,认为是目视立刻检出的易见损伤,应进行剩余强度分析和立即修理。

剩余强度要求与损伤尺寸关系曲线(包括损伤条件)对满足所有适航条例要求至关重要。例如:

①结构修理手册中的可修理损伤尺寸起点以允许损伤极限(对应于极限载荷水平的损伤)的损伤尺寸和状态;

②临界损伤门槛值损伤对应于限制载荷;

③目视可靠检出损伤(损伤目视检出概率为 100%)对应于略小于限制载荷但大于持续安全飞行载荷;

④离散源损伤对应于继续安全飞行和着陆载荷。

复合材料结构损伤尺寸和剩余强度要求分析,根据 AC20 - 107B,8. a. (4)(b), "复合材料设计应提供与常规金属设计同样水平的破损安全、多传力路径的结构保证。这样也就有理由预期使用具有 95% 置信度和 90% 概率统计基准的静强度许用值"做了注释。

2. 剩余强度要求

如前所述,根据损伤危害性评定,并计及使用维修异常事件损伤,对损伤已定义划分了 5 个类别,不同类别有不同的强度要求。

1 类损伤为允许损伤,结构必须能承受极限载荷,由静力符合性证明。

2 类损伤为从可见损伤扩展到易见损伤,与损伤扩展方式有关,结构应有大于限制载荷的剩余强度。

3 类损伤为易见损伤,"应在地面巡检中或通过正常的航线使用检出",但允许漏检 1～2 次,"结构的剩余强度可靠地等于或大于特定设计载荷(认为是极限载荷)要求的强度,包括环境影响。"

根据 AC20-107B,8.a.(4),"可靠的次部件和结构细节件剩余强度评定的统计显著性,可以包括保守的方法和工程判断。应阐明,模量特性的改变未超出可接受的水平。"

4 类损伤为离散源损伤,按 FAR-25.571(e),结构遭受离散源损伤后,"飞机必须能够成功地完成该次飞行","损伤后的结构必须能够承受飞行中可合理预期出现的静载荷。不需要考虑极限载荷对这些静载荷的动态影响。必须考虑飞行员在出现事故后采取的纠正动作,如限制机动、避开湍流以及降低速度。"损伤后的结构(破坏或部分破坏)如果"结构刚度或几何形状,或此两者有重大变化,则须进一步研究它们对损伤容限的影响。"

根据 AC20-107B,8.a.(6)(b),"按照定义,类别 4 损伤将要求达到完成根据相关规章规定载荷进行限制机动飞行的剩余强度证实。由于导致产生类别 4 损伤的服役事件性质,在后续的飞机修理和恢复服役以前,需要确定适用的检查方法,来评定全部的损伤程度。"

根据 AC20-107B,8.a.(6)(b),5 类损伤为异常事件损伤,按照定义,类别 5 损伤没有相关的损伤容限设计准则或相关的结构验证工作。类别 5 损伤将要求根据异常服役事件的工程评定进行相适应的检查,并在飞机重新投入使用前进行结构修理和/或更换零件。

3. 剩余强度评定试验要求

2 类损伤剩余强度评定试验按 AC20-107B,8.a.(4)(a)给予的指导,"对无扩展、缓慢扩展、阻止扩展方法,剩余强度试验应在重复载荷循环后完成,用于剩余强度评定的所有概率分析,应合理地考虑由整个损伤危害性评定所定义的损伤复杂性。假设有足够多关于重复载荷和环境暴露试验数据,分析允许采用保守的损伤度量标准。"

3 类损伤剩余强度评定试验按 AC 20-107B,8.a.(4)给予的指导,通过部件或次部件试验,或试验数据支持的分析进行的剩余强度评定,应考虑这种损伤。

4 类损伤剩余强度评定试验按 AC 20-107B,8.a.(7)给予的指导,"飞行中由明显离散源(就是非包容发动机破坏等)引起损伤的结构,损伤后的结构必须能够承受飞行中可预期出现的合理静载荷(作为极限载荷考虑)。损伤程度应以飞行任务合理评定和相对于每一离散源的潜在损伤为根据。对最临界的类别 4 损伤,应按有关的载荷情况进行结构证实。由于安全裕度高而不要求对相关返航载荷进行专门剩余强度评定,这些类别 4 损伤(如严重的飞行中冰雹)可能仍要求进行适当的检查,因为其可检性也许与类别 2 损伤类型进行的证实验证不一致。"

5 类损伤需根据具体情况进行具体分析和具体处理,进行结构修理和/或更换零件。剩余强度评定按 AC20 - 107B,8. a. (4)(b)(c)给予的指导进行,还包括:

a. 复合材料设计应提供与常规金属设计同样水平的破损安全、多传力路径的结构保证。这样也就有理由预期使用具有 95% 置信度和 90% 概率统计基准的静强度许用值。

b. 胶接结构剩余强度的一些具体考虑在 AC20 - 107B,6. c. (3)中给出。

5.5　损伤扩展确认和检查间隔确定

5.5.1　损伤"无扩展""缓慢扩展""阻止扩展"方法设计概念

损伤扩展特性是确定结构损伤容限设计方法的基础,表征与损伤检查方法和可检性(检出概率)密切相关的结构行为。

(1) 损伤"无扩展"方法设计概念

对复合材料结构,分层或冲击损伤的扩展采用成本较低的检查方法(如目视检查)可能检查不出来,同时,很多情况下,损伤分析也不能满意地预估含冲击损伤时复合材料的性能退化,因此,评定重复载荷作用下的复合材料的损伤扩展特性和剩余强度更依赖于试验。在缺乏损伤扩展预估手段情况下,为保证不会出现重复载荷下的损伤扩展,通常在确定设计值时都留有足够大的裕度。这种在设计和证实时避免可能的损伤扩展的方法称为损伤"无扩展"方法。

对于大多数复合材料结构设计,实际上已经采用了损伤"无扩展"方法。实践证明,在目前较低的设计应变(0.4%～0.5%)水平下,设计的结构对疲劳往往是不敏感的。复合材料结构采用"静力覆盖疲劳"设计理论,可以看作是损伤"无扩展"方法的另一种表述。

(2) 损伤"缓慢扩展"方法设计概念

根据 AC20 - 107B,8. a. (2)(a)对复合材料中发现的某些损伤类型,若能表明其扩展速率是缓慢、稳定和可预计的,则传统的缓慢扩展方法可能是适用的。缓慢扩展特性应得出保守和可能的结果。作为缓慢扩展方法的一部分,应拟定包括检查频率、范围和方法在内的检查程序,包含在维修计划中。

(3) 损伤"阻止扩展"方法设计概念

根据 AC20 - 107B,8. a(2)(b),"对复合材料的某些损伤类型和采用的设计特征,若能可靠地证明损伤扩展是可预计,并在达到临界值以前能被阻止",则适于采用损伤"阻止扩展"方法。即,损伤"阻止扩展方法适用于损伤在其扩展到临界值(对应于剩余静强度降低到限制载荷)前被机械阻止或终止的情况"。对复合材料结构,由于设计特征,如几何形状变化、补强、厚度变化或结构连接会阻止损伤扩展。"阻止扩展"方法适用于损伤可检且发现损伤扩展后能可靠地阻止的情况,包括所有适当的动态影响。

大部分复合材料结构可以采用下列方法设计成损伤"阻止扩展"。

a. 限制使用应变水平,如增加结构尺寸。

b. 采用多路传力设计,如增加筋条数量。

c. 采用紧固件,对阻止分层和开胶是十分有效的。

d. 选用抗损伤扩展的材料设计概念,如纤维编织、缝纫、Z 向植针(Z - Pin)等。

(4) 结构剩余强度与损伤尺寸随服役时间变化关系

结构剩余强度与损伤尺寸随服役时间变化关系,对应损伤扩展三种方法,有三种情况如图 5.20 和图 5.21 所示。

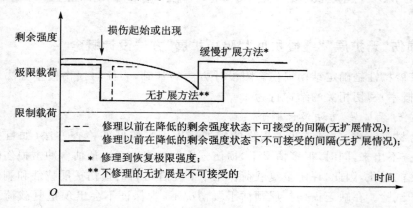

图 5.20　结构中不应长时间保留"无扩展"有效的意外损伤而不修理的剩余强度原理图

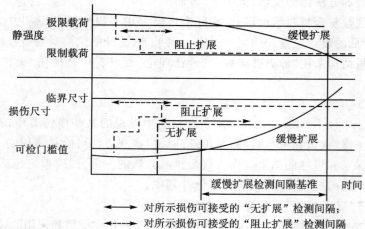

图 5.21　三种不同复合材料结构损伤容限证实方法的剩余强度与损伤尺寸关系的原理图

5.5.2　损伤扩展特性确认

根据 AC20 - 107B，8.(2)，损伤扩展特性确认关注以下几点：

①应对关键结构区域的结构细节、元件和次部件进行重复载荷试验，来确认结构对损伤扩展的敏感性。这种试验可形成证实损伤容限要求中无扩展方法地基础。

②试验应评定环境对缺陷和损伤扩展特性的影响以及无扩展特性的证实。所有试验环境应符合预期的服役用途。

③在一个结构中，由于热膨胀系数不同，会在复合材料和金属结构件之间的界面上形成残余应力。这部分应力取决于重复载荷循环期间的服役温度，并在进行损伤容限评定时予以考虑。

5.5.3　检查间隔确定

FAR - 25.571(b)损伤容限要求，不管损伤源是什么，剩余强度评定必须表明结构剩余强度能够承受相应使用条件的载荷(认为是极限载荷)。金属材料疲劳裂纹缓慢扩展曲线表明，合理地确定检查间隔可以保证金属结构中的疲劳裂纹扩展在强度降低到低于限制载荷以前就能被安全可靠地检出和修理恢复到可承受极限载荷。金属裂纹扩展的分析和试验方法已经很成熟，可以支持这样的评定。

根据 AC20 - 107B，8.a.(2)，复合材料损伤检查间隔的确定必须考虑损伤检查方法和可检性(检出概率)以及剩余强度要求。损伤检查间隔应通过考虑特定损伤的出现概率和与此相关的剩余强度能力来确定。其目的是保证结构不要过长时间处于剩余强度低于极限载荷，以致安全水平低于典型缓慢扩展状态，如图 5.20 所示。

检查间隔确定的一般原则

根据 AC20 - 107B，8.a.(6)，"应建立检查大纲，包括检查频率、范围和方法，并包括在维修大纲中。检查间隔应这样确定，在损伤开始变为初始可检程度达到规定的剩余强度承受能力极限的时候之内，损伤能被可靠地检出。应考虑可能的漏检情况。"

①确定初始可检损伤的尺度并与制造使用时所用的检查技术相一致。这个信息就自然地确定了(损伤)类别 1 和类别 2 之间的转换(即受过培训的检查人员在定期维修中所用检查方法)。对在定期维修前可能被发现的清晰可见尺度地损伤(即允许归位类别 3 地损伤)，可允许由未经受过培训的人员，在较短的间隔内发现。

②定期检查(如 1C,2C,4C)或有指导外场检查应能可靠地检出可见损伤(类别 2 损伤)，包括允许损伤(类别 1 损伤)扩展成为可见损伤(类别 2 损伤)，并进行修理使用使之恢复到承受极限载荷能力和使用功能。

③检查间隔应通过考虑特定损伤的出现概率和与此损伤相关的剩余强度能力确定。其目的是要保证结构不要过长时间处于剩余强度低于极限载荷，以致安全水平低于典型缓慢扩展状态，如图 5.20 所示。若没有给定损伤尺寸出现概率的统计数

据,可能需要保守地假设在几次飞行期间检查出的大尺寸损伤对应的承载能力。一旦检出损伤,则对部件进行修理使其恢复到极限载荷能力,或将其更换。损伤出现概率对确定检查间隔也起着重要的作用。例如,对襟翼的检查通常比垂尾更频繁,因为襟翼受到更多的损伤威胁,换句话说,在确定检查间隔时既要考虑复合材料结构的能力,又要考虑使用历程。虽然金属结构对意外损伤有类似的考虑,但由于其固有的对外来物冲击的不敏感,疲劳损伤扩展在确定金属零件检查间隔时仍起主导作用。在确定复合材料结构的损伤严重性和出现概率时,使剩余强度降低到低于极限载荷的损伤应是极不可能出现的。

④在确定检查间隔时,应考虑到剩余强度曲线、损伤扩展特性、使用数据库和用户的维修能力。对复合材料结构损伤"无扩展"、"缓慢扩展"和"阻止扩展"三种损伤扩展特性,检查间隔确定亦有不同。

a. 对损伤"缓慢扩展"情况,根据 AC20 - 107B,8. a. (2)(a),"应这样确定检查间隔:使得损伤从初始可检到损伤(包括环境影响),使剩余静强度承载能力降低到限定的载荷(作为极限静载荷考虑),在这期间内,有非常高的检出概率。对会使承载能力降到低于极限载荷,任何可检损伤尺寸,对部件或者进行修理使其恢复到能承受极限载荷的能力,或进行更换。倘若功能性障碍(如不可接受的模量衰退)出现在损伤变成另一临界状态之前,则零件修理或更换也是必要的。"

b. 对损伤"无扩展"情况,含冲击损伤的结构能长期承受低于极限载荷的载荷,而不会使剩余强度进一步降低到低于 FAR - 25.271(b)规定的临界门槛值(即限制载荷)。这一载荷能得到如下情况:允许复合材料结构在其剩余强度刚刚大于限制载荷的情况下长期飞行,如图 5.20 所示。结构损伤容限要求不管复合材料结构的损伤扩展特性如何,必须检查出使剩余强度低于极限载荷的损伤并在发现后进行处理,这样,损伤"无扩展方法"的问题变成要确定合理的检查间隔,以达到或超过金属结构的安全性问题。

根据 AC20 - 107B,8. a. (6)(a),"对无扩展设计概念的情况,应把检查间隔确定为维修计划的一部分。这种情况的检查间隔选择应考虑假定损伤所对应的剩余强度水平。这一论点已在图 5.20 和图 5.21 中说明。注意,图 5.20 和图 5.21 所示'无扩展'和'组织扩展'方案,概念上较大损伤可接受的检查间隔与可接受的缓慢扩展/基准有关,依据损伤检出和修理前的剩余强度与低于极限载荷的时间,不同损伤尺寸出现概率的数据,也有助于确定检查间隔。"

c. 根据 AC20 - 107B,8. a. (2)(b),对损伤"阻止扩展"情况,和前述损伤容限"无扩展"方法相似,应确定检查间隔,同时考虑与阻止扩展损伤尺寸一致的剩余强度能力(见增加到图 5.21 上的虚线,概念上检查间隔与缓慢扩展基准是一致的)。再有,这也是为保证结构在修理之前,不会长时间处于剩余强度能力接近限制载荷的受损状态。对任何使承载能力低于极限载荷的损伤尺寸,部件通过修理使其恢复到极限承载能力或更换。

第6章 高温陶瓷基复合材料

陶瓷是氧化物、碳化物、氮化物和硅酸盐等无机化合物的总称,包括玻璃、家用瓷器、砖瓦等日常用品。随着人类文明的进步,为了满足对于强度等高性能的要求,从制粉到最后烧结成型,进行了精细的成分设计和控制,从而开发出各种新型陶瓷,其中一部分主要作为实现力-电、湿-电、热-电等转换的材料,称为功能陶瓷,包括压电陶瓷、气敏陶瓷、热电陶瓷等;另一部分为满足强度、耐高温、耐磨损等力学性能,被称为结构陶瓷。

20 世纪 70 年代初期,结构陶瓷作为一种新型高温材料受到广泛的重视,因为陶瓷具有熔点高、密度低、抗氧化、抗腐蚀、耐高温、耐磨损等特点。但是由于陶瓷由共价键或离子键构成,因此具有本质的高强度、低延性的特征。要改善韧性,只有依靠非本质的韧化机制。要实现非本质的韧化机制,就需要将两种或两种以上陶瓷显微结构的组元复合起来,这就是陶瓷基复合材料。因此,可以说结构陶瓷的发展,从一开始就是在研究和开发陶瓷基复合材料。

连续纤维增强的陶瓷基复合材料不仅比单体陶瓷断裂韧性高,而且表现出非弹性形变行为。由于非弹性形变,此类复合材料的缺口敏感性低,强度几乎不依赖于试样尺寸。这些力学性能在表现上类似于金属材料,因此引起了材料科学工作者的研究和应用兴趣。虽然碳纤维增强无机玻璃基复合材料可作为有损伤容限的材料在 20 世纪 60 年代末和 70 年代初已经被认识到,但是碳纤维在 400 ℃ 左右即发生氧化的问题限制了此类复合材料的开发。70 代末和 80 年代初,S 系纤维的商品化促进了连续纤维增强的陶瓷基复合材料的发展,20 年来,从复合材料的制备工艺,力学性能及韧化理论,到实际应用部件的开发,美国、日本和法国等欧美发达国家都投入大量的人力和财力,取得了突破性的进展。本章从介绍陶瓷纤维入手,将论述此类复合材料制备的各种先进技术和力学性能评价方法及成果。

6.1 陶瓷基复合材料的分类

复合材料的分类有多种方法,但是一般以基体分类,分成树脂(高分子)基,金属基和陶瓷基复合材料。而针对一种复合材料,如陶瓷基复合材料,通常根据增强体分成两大类:连续增强的复合材料和不连续增强的复合材料(如图 6.1 所示),其中,连续增强的复合材料包括一维、二维和三维纤维增强的复合材料,也包括多层陶瓷复合材料;不连续增强复合材料包括晶须、晶片和颗粒状的第二组元增强体和自身增强体如 Si_3N_4 中等轴晶的基体中分布一些晶须状 $\beta - Si_3N_4$ 晶粒起到增韧效果。另外,纳米陶瓷可能是添加纳米尺寸的增强体复合材料,也可能是自身晶粒尺寸纳米化,即自增强(韧)。

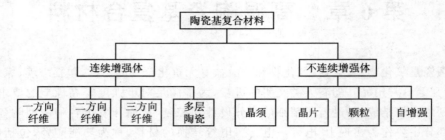

图 6.1　陶瓷基复合材料分类示意图

　　陶瓷基复合材料也可根据基体分成氧化物基和非氧化物基复合材料。氧化物基复合材料,包括玻璃、玻璃陶瓷、氧化物和复合氧化物等,若增强纤维也是氧化物,常称为全氧化物(All Oxides)复合材料。非氧化物基复合材料以 SiC, Si_3N_4, MoS_2 基为主。

　　除上述分类法外,根据材料制备方法,可分为常压烧结、热压、热等静压、高温自蔓延合成(SHS)、原位生长、化学气相浸渗(CVI)、聚合物浸渗与分解(PIP)和熔体浸渗(MI)等复合材料。其中某些方法只适用于特定复合材料,像化学气相浸渗主要用于连续纤维增强复合材料。因此,根据材料制备方法分类常常仅用于连续纤维增强的一些特殊类型复合材料。

6.2　陶瓷基复合材料的研究与开发现状

　　不连续增强的陶瓷基复合材料的研究与开发历史较长,因为从某种意义上说,结构陶瓷几乎都是陶瓷基复合材料,其中大部分是不连续增强的复合材料。不连续增强的陶瓷基复合材料的应用与开发是并存的。在增韧方法的选择上,自增韧方法受到重视,像自生长的纤维 $\beta - Si_3N_4$ 已经取代了添加 SiC 晶须的方法,因为自生长的 $\beta - Si_3N_4$ 可达到相同的增韧效果,并且避免了外加增强体带入杂质以及晶须生产和操作中对人身体的有害作用。经过 20 世纪最后 30 年的研究,陶瓷的增强和增韧方法及其机理已经基本搞清了。如何有效地利用这些方法,以使其满足特定的需要是重要的。下列 5 类复合材料的研究和开发是目前的热点话题:

　　①多功能协调与相乘(Synergy)复合材料。这是日本 1994 年开始的在通产省的支助下的重点研究项目,其研究目的是通过计算机模拟等手段达到各种功能的优化和组合,开发出功能和结构性能为一体的复合材料。比如在满足力学性能的基础上埋入碳纤维,达到材料损伤的自检测的功能等。Synergy 的意思包括协调和相乘。

相乘是指 1+1＞2 的效果,而不是数学上的相乘。

②功能梯度(FGM)复合材料。日本东北大学新野教授等最早提出功能梯度材料的概念,虽然当时主要针对航空宇航的耐高温部件,但随后的研究拓宽了应用范围。日本、美国、德国等都进行了大量研究,1990 年第一届 FGM 国际会议在日本仙台召开,每两年一届。

③纳米复合材料。使陶瓷晶粒尺寸细化到纳米数量级既可提高强度,又能达到高温超塑性变形,另外在微米晶粒组织的基体中加入纳米级第二相也可改善力学性能。

④多层复合材料。20 世纪 80 年代末英国剑桥大学 Clegg 等用多层陶瓷的概念设计材料,取得了高断裂韧性陶瓷材料。其基本原理是利用裂纹沿层间偏折,从而使能量散失,达到增韧的效果。这种增韧效果的认识有利于在多层材料构件设计上对安全性和可靠性的正确估算,同时也是一种开发高韧性陶瓷复合材料的有效途径。

⑤连续纤维增强的陶瓷基复合材料。虽然 20 世纪 70 年代开始了连续纤维增强陶瓷基复合材料的研究,但 80 年代才成为热门课题,从 80 年代中期到 90 年代末,15 年左右,连续纤维增强的陶瓷基复合材料的研究和开发得到快速发展。美、法、日、德四国的研究最为活跃,1993 年第一届高温陶瓷基复合材料(HT - CMC)会议在 Bordeaux 召开,随后 1995 年在 Santa Barbara,1998 年在日本大阪,2001 年在德国慕尼黑召开了第四届。基体材料从早期玻璃,玻璃陶瓷发展到以 Al_2O_3 和 SiC 为主,纤维材料也在 Al_2O_3 系和 SiC 系纤维的耐高温性能上有了大发展。

6.3　增强体、基体和界面

6.3.1　陶瓷纤维

陶瓷纤维主要有三种制备方法:化学气相沉积(CVD),聚合物前驱体分解和溶胶-凝胶技术。第一种 CVD 方法是 20 世纪 60 年代开发的技术,制备的纤维直径大,为 140 μm 左右,如在钨或碳芯上沉积的 SiC 纤维,其生产成本高。后两种方法是由有机金属聚合物制备陶瓷的新技术。可制备出直径 10～20 μm 的细陶瓷纤维。下面分氧化物和非氧化物纤维两类分别进行论述。

(1) 氧化物纤维

许多氧化物纤维已经商业化了。其主要制备方法是溶胶-凝胶工艺,具体步骤是配制溶胶,浓缩成粘滞的凝胶,纺丝成前驱体纤维,最后焙烧成氧化物纤维。焙烧温度影响纤维的微观组织。低于 1 000～100 ℃细晶粒的 η,δ 或 $\gamma - Al_2O_3$ 可能形成。高于此温度范围,只有 $\alpha - Al_2O_3$ 存在。在此温度范围内 $\alpha - Al_2O_3$ 晶粒会快速长大。加入 SiO_2 可阻碍 $\alpha - Al_2O_3$ 晶粒的快速长大,因为 SiO_2 与 Al_2O_3 反应可生成莫来石($3Al_2O_3 \cdot 2SiO_2$),莫来石在晶界上阻碍 $\alpha - Al_2O_3$ 晶粒长大。

　　一些氧化物纤维的成分及性能如表 6.1 所列。添加 SiO_2 的纤维的弹性模量低于纯氧化铝纤维。较低的弹性模量和相对高的断裂应变使其可编织。表 6.1 中的 Saffil 纤维是一种非连续纤维,1972 年被成功地制备后广泛用于增强金属基复合材料。其他纤维都是连续纤维。日本住友公司生产 Altex 纤维也主要用于增强金属基复合材料,因为 SiO_2 的加入降低了高温蠕变抗力。美国 3M 公司生产 Nextel 312 在 1974 年出现后被广泛应用。由于 B_2O_3 的气化效应,改进的 Nextel 440 纤维中降低了 B_2O_3 的含量。

表 6.1　一些氧化物纤维的成分及性能

纤维种类	生产公司	商标名	化学成分（质量分数）	直径/μm	密度/(g·cm^{-3})	强度/GPa	断裂应变/%	弹性模量/GPa
$\alpha - Al_2O_3$	Du Pont de Nemous	FP	99.9% Al_2O_3	20	3.92	1.2	0.29	414
	三井矿山	Almax	99.9% Al_2O_3	10	3.6	1.02	0.3	344
	3M	Nextel 610	99.9% Al_2O_3 0.2~0.3% SiO_2 0.4~0.7% Fe_2O_3	10~12	3.75	1.9	0.5	370
Al_2O_3 SiO_2	ICI	Saffil	95% Al_2O_3 5% SiO_2	1~5	3.2	2	0.67	300
	住友	Altex	85% Al_2O_3 15% SiO_2	15	3.2	1.8	0.8	210
	3M	Nextel 312	62% Al_2O_3 24% SiO_2 14% B_2O_3	10~12	2.7	1.7	1.12	152
		440	70% Al_2O_3 28% SiO_2 2% B_2O_3	10~12	3.05	2.1	1.11	190
		720	85% Al_2O_3 15% SiO_2	12	3.4	2.1	0.81	260

　　美国杜邦公司 1979 年生产的 FP 纤维是全 $\alpha - Al_2O_3$ 纤维,尽管已经不再生产了,但它是 $\alpha - Al_2O_3$ 纤维的典型例子。它的问题是直径粗和低断裂应变使其不能

编织,另外高温晶粒长大迅速。从而杜邦公司开发了用 20%(质量分数)部分稳定的 ZrO_2 增强的 PRD-166 纤维,氧化锆导致纤维的韧化和弹性模量降低,而断裂应变提高了,抗蠕变温度也比 FP 纤维高 100 ℃。可是,PRD-166 纤维还没达到商品化生产,因为直径粗仍然妨碍编织。3M 公司也开发了 ZrO_2 增强的 Al_2O_3 纤维 Nextel 650。它具有直径小、可编织的优点。

三井矿山公司 20 世纪 90 年代初生产了全 α-Al_2O_3 的纤维:Almax,虽然高温蠕变抗力不高,但直径小可编织。东京大学与三井矿山公司用 Almax 纤维开发了全氧化物陶瓷基复合材料且达到了商品化。美国 3M 也是 20 世纪 90 年代初开发了全 α-Al_2O_3 的纤维:Nextel 610。其中,少量 Fe_2O_3 和 SiO_2 可起到阻碍晶粒生长的作用。虽然直径小,但抗蠕变能力不强。为此,寄希望于第二相强化,3M 开发了成分与 Altex 相同,但因加工温度高生成了莫来石的 Nextel 720 纤维。与一般的 $Al_2O_3 \cdot SiO_2$ 纤维不同,Nextel 720 的组织是由互相错配的 Al_2O_3 与莫来石构成的。由于莫来石本身抗蠕变强度高和阻碍 Al_2O_3 晶粒生长,Nextel 720 纤维是目前高温性能最好的氧化物纤维。

(2)非氧化物纤维

日本东北大学矢岛教授等 1975 年用有机金属聚合物碳硅烷(Polycarbosilane)前驱体,经高温分解反应制备出 SiC 纤维,该纤维在 20 世纪 80 年代由日本碳素投入商业化生产,商品名为 Nicalon。由于 Nicalon 纤维中含有大量氧在高温下容易分解,因此耐热性不够理想。90 年代初,大阪府立大学冈村教授、日本原子能研究所濑口博士以及日本碳素市川博士等将聚碳硅烷纤维在氦气中用电子束照射,使纤维中氧含量大幅度降低,从而制备出低含氧量的 Hi-Nicalon 纤维。随后,根据 Si 和 C 的原子配比,研制出接近理想配比的 S 型 Hi-Nicalon 纤维,达到了更高的耐热性。表 6.2 中列出了由聚合物前驱体分解制备的 SiC 纤维的成分及性能。

表 6.2 中列出的另一 SiC 系纤维,由日本东北大学矢岛教授,大阪府立大学冈村教授以及宇部兴产公司山村博士等在 20 世纪 70 年代末,通过在聚碳硅烷中加 Ti 制备出含 Ti 聚碳硅烷(Polytitanocarbosilane)前驱体纤维,然后利用分解反应制备出含 Ti 的 SiC 纤维。Ti 抑制晶化过程,从而提高耐热性。宇部兴产公司以 Tyranno 为商品名,在 1986 年实现了工业化生产。类似于 Nicalon 系纤维,采用电子束照射,开发了 Tyranno Lox-E,但是电子束照射并没大量降低氧含量(Hi-Nicalon:0.5% O;Tyranno Lox-E:5.8%O)。为了进一步提高耐热性,开发了用 Zr 代替 Ti 的 ZMI 纤维及用 Al 代替 Ti 的 SA 纤维。虽然日本生产 Nicalon 系和 Tyranno 系 SiC 纤维在世界上一直占主导地位,但是美国 Dow Corning 公司通过添加少量硼,开发出了纳米晶 SiC 纤维,商品名为 Sylramic。

表 6.2　由聚合物前驱体分解制备的 SiC 纤维的成分及性能

纤维种类	生产公司	商标名	化学成分 （质量分数,%）	直径/ μm	密度/ $(g \cdot cm^{-3})$	强度/ GPa	断裂应 变/%	弹性模 量/GPa
Si‑C‑O 系纤维	日本碳素	Nicslon NLM202	Si 56.6 C 31.7 O 11.7	14	2.55	2.0	1.05	190
	日本碳素	Hi‑Nicalon	Si 62.4 C 37.1 O 0.5	14	2.74	2.6	1.0	263
	宇部兴产	Tyranno Lox‑M	Si 54.0 C 31.6 O 12.4 Ti 2.0	8.5	2.37	2.5	1.4	180
	宇部兴产	Tyranno Lox‑E	Si 54.8 C 37.5 O 5.8 Ti 1.9	11	2.39	2.9	1.45	199
接近理想 Si 原子 和 C 原 子的配比	日本碳素	Hi‑Nicalon S	SiC+O+C	13	3.0	2.5	0.65	375
	宇部兴产	Tyranno SA	SiC+O+C+Al	10	3.0	2.5	0.75	330
	Dow Corning	Sylramic	Si+TiB_2+C+O	10	3.1	3.0	0.75	390

6.3.2　晶须、晶片和颗粒

在陶瓷基复合材科中,增强体增韧的效果以连续纤维为最大,其次是晶须(Whisker),最小的是晶粒。介于晶须和颗粒之间的是晶片(Platelet)。晶须、晶片和颗粒增韧的陶瓷复合材料一般呈各向同性,与各向异性的连续纤维增韧的陶瓷复合材料分类的话,统称为不连续增韧陶瓷复合材料。

在不连续增强体中,晶须的增韧效果虽然好,但是生产工艺中微米量极的晶须常常对人身体危害性大。性能优良的 SiC 晶须通常用稻壳在 900 ℃ 左右焙烧后在1 700 ℃分解工艺制备或通过熔融金属催化剂使碳氢化合物与 SiC 气体反应后析出SiC 的气‑液‑固工艺制备。两种制备工艺中操作者都免不了接触 SiC 晶须。目前欧美等发达国家都有产品可靠性法,为了避免人身健康问题,原来的晶须生产厂都停止了生产。但是通过原位生长晶须,直接制备多孔陶瓷,这样的多孔陶瓷即可直接应用如作为过滤器的材料,也可作为复合材料的增强体。这即避免了晶须制造过程中对人体的有害作用,也降低了成本。晶片是 $3 \sim 30 \mu m$ 大的薄单晶片。Al_2O_3 和 SiC 晶

片被用来改善 Al_2O_3、Si_3N_4 和莫来石的力学性能,研究表明韧性提高了,但强度却降低了。

颗粒是最简单,用颗粒增强的陶瓷基复合材料,呈各向同性。几乎所有的陶瓷都可制备成增强用的陶瓷颗粒。目前最重要的是制备纳米尺寸的陶瓷颗粒。

6.3.3　基体材料

作为基体的陶瓷具有与金属和聚合物不同的特性:低电导率、低热导率、低密度、高温强度高、耐磨损、抗腐蚀和一些特殊的物理性能(光、电、磁)。低电导率使陶瓷大量用于作为绝缘体,如电线杆上的电瓷瓶,发动机用火花塞。由于低热导率,陶瓷被用作燃烧室的绝热层,航天飞机的保护瓦等。用于抗腐蚀,用作腐蚀介质的热交换器管,人工股关节等。耐磨损的优点使陶瓷用作刀具材料,轴承的滚体及纺织机械的线滚子。高温强度使陶瓷成为燃气轮机高温部件的重要替代材料。

一般将陶瓷分为传统陶瓷和先进(精细,fine)陶瓷。传统陶瓷主要是人们熟悉的日常用品如茶杯、碗等桌上器皿、坛、缸、罐等陶器、浴盆等卫生用品和砖瓦等建筑材料等。先进陶瓷分为功能陶瓷和结构陶瓷。功能陶瓷包括电子陶瓷(绝缘体、电容、传感器),光学陶瓷(窗用材料、激光发光体材料),磁性陶瓷等。陶瓷也常分为硅酸盐,氧化物和非氧化物三类:

①硅酸盐陶瓷是以 SiO_2 为主,外加 Al_2O_3、MgO、BeO、ZrO_2 等玻璃相。

②氧化物陶瓷与硅酸盐陶瓷的区别是以晶体相为主,仅含少量的玻璃相。常用的有 Al_2O_3、ZrO_2、TiO_2、BeO、MgO、ThO_2、UO_2。

③非氧化陶瓷包括,以石墨或金刚石结构存在的碳;氮化物(AlN、BN、Si_3N_4、TiN 等);碳化物(B_4C、SiC、TiC、WC 等);硼化物(TiB_2、ZrB_2 等);硅化物($MoSi_2$ 等)。其中,作为高温结构陶瓷 Si_3N_4 和 SiC 最为重要。

另外,一些玻璃陶瓷(50%～100% 晶相)SiO_2 – LiO_2、LAS(LiO_2 – $Al2O_3$ – SiO_2)、MAS(MgO – Al_2O_3 – SiO_2)常作为陶瓷基复合材料的基体。

陶瓷的主要缺点是脆性,原子间的强键合力导致位错运动的临界应力高,因此在未发生塑性变形的条件下由小裂纹或缺陷的扩展导致断裂。

6.3.4　界面控制

陶瓷基复合材料的增强体与基体之间的结合包括机械结合与化学结合。机械结合是指靠机械键合或互锁效应达到界面结合。陶瓷基复合材料中机械结合占绝大多数。化学结合导致强界面在陶瓷基复合材料中要尽量避免或降弱结合强度。范德瓦尔斯键或氢键等弱结合的结合能大约为 8～16 kJ/mol,而化学键的结合能为 40～400 kJ/mol。强界面结合使陶瓷基复合材料像单体陶瓷一样发生脆性断裂。而弱界面结合可使裂纹沿界面偏折,从而降低能量,这是提高陶瓷韧性的主要方法之一。为了达到弱界面,常常将颗粒、晶须或纤维表面上镀一层化合物或碳等易被剪切断裂的物质,从而形成界面相。

通过力学分析和计算,当纤维与基体弹性模量相同时,G_f/G_m(G_f 为纤维断裂能,G_m 为基体或厚界面相的断裂能)要小于 1/4。因此,复合材料的增强体与基体之间要满足化学相容性和弹性模量的相匹配。

另外,陶瓷基复合材料的合成在高温时,如果增强体与基体的热膨胀系数不同,将在室温时存在残留应力。此外,用于高温时,可产生热应力。由于陶瓷材料延性低,如果热膨胀系数不匹配,复合材料从高温加工后冷却到室温的过程中,会导致基体或增强体开裂。复合材料的热应变正比于 $\Delta\alpha\Delta T$($\Delta\alpha = \alpha_f - \alpha_m$)。如果 $\alpha_f > \alpha_m$,基体在冷却时受到压应力,这有利于阻止基体在拉应力作用下发生开裂。反之,基体承受拉应力,当温度差足够大时,基体可能会开裂。这是一般的考虑,然而从纤维半径方向上来看,$\alpha_f > \alpha_m$ 时,纤维冷却时收缩以致脱离基体,这导致界面结合强度大幅度降低。反之,界面结合强度改善。热膨胀不匹配导致复合材料开裂,这在不连续增强复合材料中非常明显。

6.4　制造与加工方法

6.4.1　粉末烧结法

用热压法制备陶瓷基复合材料,首先,要制备纤维预浸片(Pre-preg),纤维预浸用的料浆由基体粉末、载体水和酒精及有机粘接剂组成。然后,将制好的纤维预浸片切成所需要的尺寸,在片间铺一层基体粉末,接着,根据需要同方向或交叉地垂直堆积预浸片,从而制备出热压预制体(Preform)。热压温度要尽可能低,以便不损伤纤维。由表 6.3 可以看到,用热压法制备的陶瓷基复合材料大多是以氧化物类陶瓷为基体。非氧化物陶瓷要加烧结助剂,以免需要太高的热压温度。最近日本宇部兴产公司直接堆积预浸片后热压,制备 Tyranno-hex 复合材料。纤维体积百分数可高达90%以上。

表 6.3　用热压法制备的陶瓷基复合材料的基体材料

基体材料类别	主要组元	微量组元	主要晶相	复合材料的最高使用温度/℃
玻　璃				
硼酸盐	B_2O_3, SiO_2	Na_2O, Al_2O_3		600
硅酸盐	Al_2O_3, MgO, CaO, SiO_2	B_2O_3, BaO		700
高二氧化硅	SiO_2	B_2O_3		1 150
玻璃陶瓷				

基体材料类别	主要组元	微量组元	主要晶相	复合材料的最高使用温度/℃
LAS-Ⅰ	Li_2O，Al_2O_3，MgO，SiO_2	ZnO，ZrO_2，BaO	β-锂辉石	1 000
LAS-Ⅱ	Li_2O，Al_2O_3，MgO，SiO_2，Nb_2O_5	ZnO，ZrO_2，BaO	β-锂辉石	1 100
LAS-Ⅲ	Li_2O，Al_2O_3，MgO，SiO_2，Nb_2O_5	ZrO_2	β-锂辉石	1 200
MAS	MgO，Al_2O_3，SiO_2	BaO	堇青石	1 200
BMAS	BaO，MgO，Al_2O_3，SiO_2			1 250
三组元莫来石	BaO，Al_2O_3，SiO_2		莫来石	1 500

6.4.2　气体浸渗法

　　CVI 法是制造连续纤维陶瓷基复合材料的最主要的方法。此方法是将气相的前驱体沿纤维预制块的孔洞浸入并沉积在纤维上。这种方法的最大优点是加工温度较低，一般在 900～1 000 ℃。这样高的温度通常不会造成陶瓷纤维的分解，CVI 法制备的陶瓷基复合材料具有较好的力学性能。此外，CVI 法可制备出接近实际形状的大部件或形状复杂的构件。

　　纤维预制块通常是由两方向或三方向纤维编织而成的。编织用的纤维束一般由 500 或 1 000 根纤维组成，用 CVD 法在纤维上沉积 0.1～1 μm 厚的一层 C 或 BN。此界面层对力学性能和环境抗力至关重要。

　　CVI 法仅适用于气相前驱体容易得到共价键或离子键陶瓷，目前可行的基体材料有碳，碳化物（SiC，B_4C，TiC），氮化物（BN、Si_3N_4）和氧化物（Al_2O_3、ZrO_2）。由于 CVI 法制备的复合材料会残留 10%～15% 的孔，因此，不适用于气体或液体密实性要求高的地方。另外，CVI 法制造成本高。原因之一是气体反应组元的扩散需要长时间，并且如果在恒温条件下，表面暴露的孔很容易被封上，为此气体的压力或温度梯度常常是需要的，以便气体扩散到内部。利用压力或温度梯度 CVI 可使时间从几天减少到 24 h 以内。

6.4.3　液体浸渗法

（1）聚合物浸渗与分解（Polymer Infiltration and Pyrolysis，简称 PIP 法）

PIP 法就是将液态聚合物浸入到预制块的孔中，然后通过分解反应使聚合物转变成陶瓷基体。此方法广泛地用于制备 C/C 复合材料。PIP 法的优点是分解反应温度在 1 000 ℃ 以下，不会造成纤维的分解。缺点是需要较长时间和多次循环浸渗及分解过程，以便达到高密度。另外，与 CVI 法同样聚合物前驱聚碳硅烷等成本十分高。日本碳素公司采用 PIP 法制备了 Hi - Nicalon 纤维强化 SiC 基复合材料，研究表明采用 8 次循环浸渗及分解过程，可制备出优异性能的复合材料。通常，PIP 法制备的 SiC/SiC 复合材料比 CVI 法制备的 SiC/SiC 复合材料的孔多。

日本航空宇宙技术研究所、宇部兴产公司、绩纺公司和川崎重工业公司联合开发了三方向垂直纤维强化的陶瓷基复合材料，命名为 NUSK。该材料的增强体是 Tyanno 纤维，基体 PIP 法制备，计划将此材料用在正开发的航天飞机 HOPE - X 上。

（2）熔体浸渗（Melt Impregnation，MI）法

类似于金属基复合材料的挤压铸造加工工艺，熔体浸渗法是将基体材料的熔体浸入到预制块的孔中。此方法只需要一步加工工艺，并且可达到均匀的高密度基体。问题是要求熔体温度不能太高，以免损伤纤维。美国 NASA Glenn 研究中心用此方法制备了含硅 SiC 基复合材料，由于 SiC 中加入 Si 30%，这样基体类似于玻璃，熔点较低。

6.4.4　溶胶-凝胶浸渗法

溶胶-凝胶法即将液体溶胶凝固成凝胶，然后在高温下，使固体凝胶转化成玻璃或陶瓷。此方法具有如下优点：

① 较低的加工温度；

② 成分分布均匀。

缺点是干燥时收缩率大，易产生大量裂纹，此外产量低也是其缺点之一。因需要多次浸渗才能制备出较高密度基体的复合材料。日本东京大学用溶胶-凝胶法开发了 Al_2O_3/Al_2O_3 复合材料，为了达到弱界面结合，首先将纤维束用溶胶凝胶法浸渗 ZrO_2 溶胶，制备出一维复合材料组元，然后浸渗 Al_2O_3 溶胶。该技术已经成功地将技术转让给日本三井矿山达到了商品化阶段，该复合材料由一层或多层 Al_2O_3 纤维布构成，既可以硬板或圆筒等形状应用，也可像布一样在柔软状态下应用。

6.4.5　自蔓延高温合成法

自蔓延高温合成（Self-Propagating High Temperature Synthesis，SHS）曾被用来生产耐火材料。此方法的特点是：

①高燃烧温度（最高可达 4 000 ℃）；

②设备简单,不需要外部能源;

③可良好地控制化学成分;

④可制备各种形状的部件。

此方法可制备不连续增强陶瓷基复合材料。如 SiCw/Al₂O₃,特别是运用于一些其他方法不可能合成的化合物。但是,燃烧合成法制备的材料空洞多,常常需要随后热压或热等静压等工序,以便提高密度。

除上述方法外法,还有反应烧结法,冷压后烧结法。目前商业化的方法只是热压法和 CVI 法,前者主要用于氧化物基复合材料,后者用于 SiC 系复合材料。

6.5　物理与化学性能

6.5.1　热膨胀

复合材料由纤维、界面和基体构成,因此热膨胀的相容性是非常重要的。虽然热膨胀系数彼此相同是最为理想的,但是这几乎实现不了。一般来说,希望增强体承受压应力,这样界面应力传递能够得到保证,

通常用线热膨胀系数来表征材料的热膨胀性能,晶体热膨胀系数存在各向异性,比如石英单晶体的 c 轴方向的热膨胀系数为 $9 \times 10^{-6}/K$,而垂直于 c 轴方向的热膨胀系数为 $14 \times 10^{-6}/K$。因此,热膨胀系数的各向异性造成的热应力常常是导致多晶体材料从烧结温度冷却下来时发生开裂的原因。

在陶瓷基复合材料中,一般希望增强体承受压缩的残余应力,这样即使是弱界面,也不会发生界面脱粘。根据增强体的形状,有不同的热应力计算和试验结果。特别是显微拉曼光谱和萤光光谱技术的发展,可以测量增强体以及增强体附近的局部残余应力分布。热应力对陶瓷基复合材料的强度、韧性、疲劳和蠕变等力学性能产生影响。

6.5.2　热传导

陶瓷作为耐热、隔热材料,其热导率是重要的物理性能指标。用复合材料的概念可以开发出满足热导率要求的材料,像热导率、电导率等物理性能,复合材料的混合定律可用来计算和预测。但是,有些纤维的性能各向异性,如碳纤维轴向的热导率远大于横向的热导率。热导率对于复合材料中的裂纹,孔洞和界面结合情况都很敏感。

6.5.3　氧　化

陶瓷基复合材料作为高温材料,氧化抗力是重要的性能指标。研究氧化问题主要包括氧化反应热力学和动力学。尽管满足热力学条件是发生氧化的前提,但是氧化动力学更具有实际意义。通常,研究氧化动力学用热天秤,建立材料重量变化与时

间的关系。常见的两种氧化类型是直线型氧化和抛物线型氧化。直线型氧化,即氧化增重(Δm),$\Delta m = k_1 t$,式中 k_1 为直线型氧化动力学常数。抛物线型氧化,即 $(\Delta m)^2 = k_p t$,式中 k_p 为抛物线型氧化动力学常数。k_1 和 k_p 满足 Arrhenius 关系,即,

$$k_1 = A_1 \exp(-Q_1/RT) \text{ 和 } k_p = A_p \exp(-Q_p/RT)$$

式中,A_1 和 A_p 为常数;Q_1 和 Q_p 为氧化激活能。陶瓷和陶瓷基复合材料的氧化一般遵循抛物线型氧化方程。

陶瓷在发生氧化后,表面上形成氧化膜。硅化物陶瓷(SiC,SiN 等)的表面上氧化形成氧化物 SiO_2。SiO_2 中氧渗透力非常低,因此 SiO_2 是非常好的保护膜,这也是 SiC、Si_3N_4 等硅化物陶瓷成为高温陶瓷的主要原因之一。SiC 氧化激活能为 134～498 kJ/mol,Si_3N_4 氧化激活能为 330～485 kJ/mol,两者都高于 Si 的氧化激活能约 119 kJ/mol。

陶瓷基复合材料的界面控制要求弱界面强度,为此涂上一层其他物质。界面氧化成为陶瓷基复合材料的致命问题,像 SiC/SiC 复合材料中,当界面相 C 层很薄,例如 0.1 μm 时,C 层氧化后,碳的氧化物作为气体沿空洞和界面扩散到周围环境中,而氧的进一步扩展在 1 000 ℃以上与 SiC 纤维和基体反应形成 SiO_2,SiO_2 的生长可密封纤维与基体界面及空洞,达到自愈合效果。而在 C 层厚的情况下,界面 C 层会全部氧化掉。C 氧化激活能为 123 kJ/mol。

不仅在 1 000 ℃以上高温,在 500～900 ℃的中温陶瓷基复合材料也存在界面氧化脆性问题(通常称为瘟疫 pest 现象)。这种中温脆性裂纹扩展类似于应力腐蚀开裂。在低应力下,化学反应控制;在高应力下,氧沿裂纹向内部扩散控制。即使不存在界面氧化的情况,在氧化物中加入非氧化物的复合材料,抗氧化性能也降低。像在 Al_2O_3 中加入 SiC,SiC 氧化生成 SiO_2,SiO_2 与 Al_2O_3 反应生成亚稳硅酸铝玻璃相和莫来石。而在 Al_2O_3 中加入 TiC 或 TiN,则在 800 ℃左右即可发生严重氧化。Ti 与氧反应生成 TiO_2,随后 TiO_2 与 Al_2O_3 反应生成 Al_2TiO_3 等。

6.6　力学性能

6.6.1　拉伸、压缩和剪切力学行为

单体陶瓷的拉伸曲线只是一条直线,而连续纤维增强的陶瓷基复合材料在直线后,经过曲线上升到最大应力后断裂。由直线向曲线转变的应力通常称之为比例极限,但是对于陶瓷基复合材料又称之为基体开裂应力。因为基体的延性低,随着拉伸应力的增加,基体先发生开裂,然后裂纹沿基体与纤维的界面扩展。这是由于在设计陶瓷基复合材料时,采用了弱界面,比如用 CVI 法在纤维表面沉积一层 C 或 BN 相。所谓弱界面,即要保证界面脱粘所要的能量远小于纤维的断裂能。理论计算表明,

当基体的弹性模量等于纤维的弹性模量时,界面脱粘能要小于纤维的断裂能的 1/4。基体开裂后,应力-应变曲线呈现出类似金属的加工硬化曲线,但是,非弹性形变主要来自裂纹。用降载法可测出非弹性应变,并且用卸载曲线的斜率可计算出弹性模量,此模量的变化表征了损伤的程度。图 6.2 给出了 SiC/SiC 复合材料在室温和高温的拉伸曲线。可见,高温下的拉伸强度和断裂伸长率都比室温的高,这是很令人满意的强韧化现象。但是,高温疲劳强度却比室温大大降低。

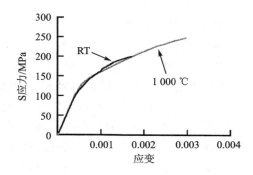

图 6.2　2D SiC/SiC 复合材料在室温和高温的拉伸曲线

6.6.2　断裂韧性

颗粒增强复合材料中主要有四种可能的增韧机制:

①相变增韧,比如氧化锆增韧氧化铝(ZTA),但是只限于中温以下有效;

②微开裂,通过热膨胀系数的不匹配;

③裂纹偏折;

④基体受压,通过热膨胀的不匹配。

除上述直接的影响机制外,加入颗粒导致晶粒尺寸、空洞和晶界特性的变化间接地影响力学性能。颗粒复合材料的制备方法与基体材料相同,比晶须和纤维增强的复合材料的制备成本低。晶片与颗粒类似有制备上的优点,同时形状上接近晶须,增韧效果好。

晶须(包括短纤维和晶片)增强的复合材料中的增韧机制包括:

①架桥;

②拔出;

③裂纹偏折;

④微开裂。

连续纤维增强复合材料中的增韧机制主要是:

①架桥;

②拔出;

③裂纹偏折。

对连续纤维增强陶瓷基复合材料断裂韧性研究的结果表明,用传统断裂力学方法测出的断裂韧性 K_{Ic},可达到 20 $MPa^{1/2}$。此值远高于高韧性的单体陶瓷($\approx$ 10 $MPa^{1/2}$)。但是,严格来说,此类复合材料表现出亚临界裂纹扩展并且非单裂纹扩展,因此不存在断裂力学定义的断裂韧性。为此,断裂功被用来评价韧性的高低。

6.6.3　热冲击与机械冲击抗力

由于陶瓷材料几乎不能通过塑性形变松弛应力集中,所以在高速冷却或加热中不均匀温度分布产生裂纹甚至断裂。一次快速循环称谓热冲击,多次热循环被称谓热疲劳。热应力的大小取决于热膨胀系数、弹性模量、泊松比、热导率、比热容和密度等物理量及几何边界条件和热边界条件。材料热冲击敏感性的评价方法最早由 Hasselman 提出,现在仍在应用。该方法是采用矩形弯曲试样,加热—冷却后测量残留强度,然后建立残留强度与温度之间的关系。低于临界温度,残留强度几乎不变;在临界温度,残留强度降低到非常低的水平。单体陶瓷的热冲击试验表明,超过临界淬火温度差,材料的强度几乎完全丧失。而陶瓷基复合材料仅仅部分强度降低(如20%~50%)。这就是说,陶瓷基复合材料在热冲击载荷下不容易发生完全的毁坏。这是陶瓷基复合材料的令人感兴趣的优点之一。ZrO_2 增韧的 Al_2O_3 基复合材料的实验结果表明复合材料不存在临界温度差。

机械冲击有多种形式,其中,小球冲击试验可用来模拟在发动机燃烧室和涡轮机内的粉尘和碎片的冲击现象,也适合于评价穿甲性能。

6.6.4　疲　劳

对陶瓷基复合材料疲劳的研究是从测量 S-N 曲线开始的,研究结果表明,与传统材料如疲劳寿命一样随最大应力或应力幅的增大而减小。在室温下疲劳极限为拉伸强度的 70%~80%(金属材料一般为 50%左右)远大于基体开裂应力,见图 6.3。从这一点上看,陶瓷基复合材料的设计不用担心疲劳问题,因为疲劳极限远大于最大容许应力(基体开裂应力)。但是在高温下,疲劳寿命的降低却是大问题。

对 SiC/SiC 陶瓷基复合材料的疲劳裂纹萌生和扩展的原位观察,搞清了裂纹扩展的微观过程和机制。疲劳裂纹在 SiC 纤维束编织物的孔洞处萌生,在裂纹扩展到纤维束中时,裂纹尖端后方的纤维与基体的界面发生脱粘,在循环加载和卸载过程中,界面发生滑移,随着界面滑移的进行,界面脱粘的长度增加,这说明界面相或纤维在循环加载和卸载过程中被磨损。

通过测量疲劳的应力-应变滞后回线,可以发现滞后回线的切线模量随循环周数降低(见图 6.4),这表明疲劳损伤的发展。一些研究者建立了弹性模量(刚度)的降低与基体裂纹密度之间的关系。此外,滞后回线宽度的变化表明纤维与基体界面滑移阻力的变化。界面滑移阻力随循环周数降低,这是界面相或纤维在循环加载或卸

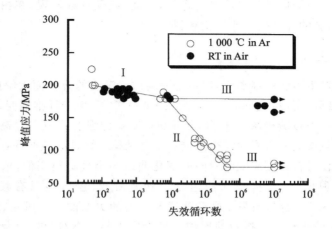

图 6.3　2D SiC/SiC 陶瓷基复合材料疲劳的 S - N 曲线

载过程中被磨损的结果。界面相的磨损导致界面脱粘长度增加。界面脱粘长度即是自由纤维的长度。而自由纤维的强度随标距的增长而降低。所以,界面脱粘长度的增加导致纤维强度的降低,结果是桥联的辖内发生断裂。纤维的磨损会更直接造成纤维发生断裂,从而促进基体裂纹的扩展,甚至整个试样的断裂。

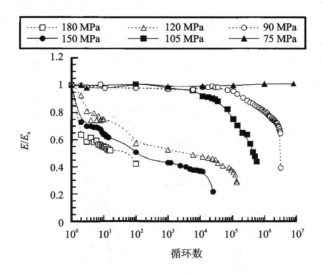

图 6.4　疲劳的应力应变滞后回线的切线模量随循环周数下降

在中温区,疲劳寿命随试验温度的升高而降低,尽管在此温度区纤维和基体都不会发生蠕变,但残余应力会发生松弛。例如,SiC/SiC 复合材料中由于 Nicalon 纤维的热膨胀系数小于基体的热膨胀系数,因此纤维受残余压应力。残余压应力与界面摩擦应力呈正比,所以随着温度的升高,残余应力降低,从而导致界面摩擦应力的降低。界面摩擦应力降低导致界面强度降低,为此,试验观察发现,在相同最大应力的条件下,疲劳断裂的纤维拔出比蠕变断裂的长。

6.6.5　蠕　变

在纤维可发生蠕变的高温区,疲劳寿命随试验温度的升高而大幅度降低。Nicalon 纤维的蠕变开始温度是 900 ℃,因此在 1 000 ℃下,由于纤维蠕变,疲劳极限仅仅为 75 MPa,是室温疲劳极限的 40%,是 1 000 ℃拉伸强度的 30%。高温下短时间拉伸强度的提高与长期疲劳寿命完全不同。这是结构件设计必须要注意的问题。

陶瓷基复合材料蠕变应变随时间的变化曲线与金属材料相似,依赖于材料和试验条件。可表现出减速、稳态和加速三个蠕变阶段,也可能只有减速蠕变阶段。图 6.5 是 SiC/SiC 复合材料最小蠕变速度与应力的关系曲线。可见,随着应力的降低,曲线的斜率即表现应力指数的增加。最大应力指数达到 25,远大于纤维的蠕变应力指数。表观蠕变激活能也非常大。此现象类似于弥散强化金属合金的蠕变,为此采用门槛应力的方法进行分析。门槛应力的方法即用外加的应力减去门槛应力的有效应力作为蠕变的驱动力,为了搞清蠕变的形变机制,对蠕变速率用扩散系数进行归一化处理。

用门槛应力对 SiC/SiC 复合材料最小蠕变速度进行处理后,真蠕变应力指数接近 5,真蠕变激活能为 175 kJ/mol(图 6.6)。此两数字接近基体 SiC 的蠕变数据。由此说明,基体的蠕变变形能力对复合材料的蠕变速度有重要影响。其低于纤维的蠕变速度限制了纤维的蠕变,这可能是门槛应力的来源之一。但是,在基体材料的蠕变抗力远低于纤维(例如 SiC/CAS)或基体中存在大量裂纹(例如 SiC/Al_2O_3)的情况下,复合材料的蠕变几乎完全由纤维的蠕变抗力控制。

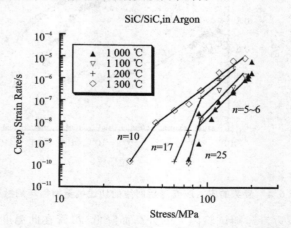

图 6.5　SiC/SiC 复合材料最小蠕变速率与应力的关系曲线

因为陶瓷纤维的抗蠕变性对复合材料的高温性能起了决定性的作用,用耐蠕变

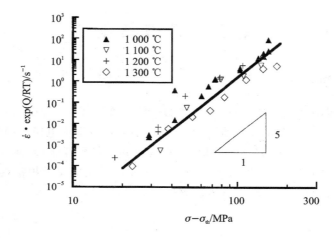

图 6.6　SiC/SiC 复合材料最小蠕变速度与有效应力的关系曲线

的 Hi - Nicalon 纤维等可明显提高复合材料的高温疲劳和蠕变性能。但是界面氧化仍是致命的问题。为此,开发了用玻璃密封材料表面防止氧进入的方法,以改进界面涂层材料的工艺及在基体中加入玻璃相的技术。在 SiC 基体中加入玻璃相后,SiC/SiC 复合材的高温蠕变断面上有一层玻璃相。此外,玻璃相在基体中对蠕变裂纹扩展起阻碍作用。但是都存在缺点。长期的可靠性和寿命设计等都需要进一步研究。

　　认识到非氧化物基复合材料的氧化问题难以克服,研究者进一步开发了全氧化物复合材料。为了达到弱界面,尝试了与氧化物弱结合的独居石($LaPO_4$),易开裂的层状 $CaAl_{12}O_{19}$ 及多孔氧化锆作为界面相。这些研究和开发对于材料的非弹性应变及断裂韧性是有效的,但是氧化物纤维的低蠕变抗力限制了全氧化物复合材料的高温应用。

　　不连续增强的陶瓷基复合材料的力学性能,在增韧方面与连续增强复合材料的机制相同,例如架桥机制等。然而,也有很多不同的形变和断裂机制。耐高温性最好的 SiC 和 Si_3N_4 陶瓷基自增强或晶须增强的复合材料中,由于烧结的需要,含有 3%~10% 的玻璃相,因此在高温下疲劳和蠕变行为受到玻璃相的较大影响,玻璃相的粘性汽动在某些条件下成为形变的控制机制。

　　虽然非氧化物基复合材料表现出很好的力学性能,但是抗氧化性低仍是没有解决的问题,改进界面涂层材料的研究正在进行中,有望取得突破性的进展。全氧化物复合材料受到氧化物纤维的限制,高温性能不理想。最近,东京大学香川教授提出用全氧化物复合材料作表面材料,保护像 SiC/SiC 非氧化物基复合材料,美国 NASA 和欧洲的一些研究部门正在开发环境障碍涂层(EBC)。

6.7　损伤模型

6.7.1　基体初始开裂

在纤维增强陶瓷基复合材料中,基体的失效应变小于纤维,在单向加载过程中,基体将逐渐开裂,通过对试样表面进行显微镜观察、声发射或电镜扫描等手段可以得到基体裂纹演化过程(图 6.7)。当基体出现裂纹并扩展到纤维/基体界面时,裂纹将沿纤维/基体界面发生偏转,使得界面脱粘。纤维在裂纹平面承担桥接作用,减小了裂纹尖端的应力强度因子,阻止基体裂纹扩展。

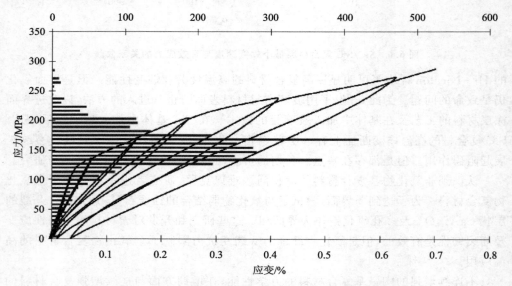

图 6.7　SiC/SiC 单轴拉伸应力-应变曲线与声发射信号

由于基体内部存在缺陷,初始基体开裂和演化主要取决于基体内部缺陷大小及分布。根据基体内部缺陷大小将基体裂纹分为长裂纹和短裂纹。当基体内部缺陷大于特征值 c_0 时,基体初始开裂应力与缺陷无关,在裂纹扩展过程中,裂纹尖端前后应力场保持不变,因此一旦基体开裂,裂纹就扩展贯穿到整个试样的宽度和厚度,形成贯穿裂纹,基体裂纹稳态扩展;当基体内部缺陷小于特征值 c_0 时,基体初始开裂应力与缺陷大小相关,基体裂纹随应力增加而扩展,其开裂过程为非稳态扩展。

1. 长裂纹

Aveston 等[18]采用能量平衡法初始基体开裂进行了分析,假设界面摩擦粘结,脱粘区界面剪应力为常数,在基体裂纹稳态扩展过程中界面将发生脱粘,不考虑纤维失效以及热残余应力的影响。基体裂纹扩展前后满足能量平衡关系:

$$U_c + U_{db} + U_s + \Delta U_f \leqslant \Delta U_m + \Delta W \tag{6.1}$$

式中，U_c 为基体断裂能；U_{db} 为纤维/基体界面脱粘能；U_s 为纤维相对基体摩擦滑移能；ΔU_f 为裂纹扩展前后纤维应变能增量；ΔU_m 为裂纹扩展前后基体应变能增量；ΔW 为裂纹扩展前后外力所做功。

　　根据剪滞模型得到基体裂纹扩展前后纤维、基体以及界面处应力分布，结合式（6.1）得到了初始基体开裂应力 σ_{mc_ACK}：

$$\sigma_{mc\_ACK} = \left(\frac{6V_f^2 E_f E_c^2 \tau_i \zeta_m}{r_f V_m E_m^2}\right)^{1/3} \tag{6.2}$$

式中，E_f、E_m 和 E_c 分别为纤维、基体和复合材料的弹性模量；V_f 和 V_m 分别为纤维和基体的体积百分比；τ_i 为脱粘区界面剪应力；r_f 为纤维半径；ζ_m 为基体断裂能。从式（6.2）中可以看出，初始基体开裂应力与复合材料组分属性（纤维、基体弹性模量）、纤维体积百分比、界面剪应力以及基体断裂能相关。ACK 模型如图 6.8 所示。

　　Aveston 和 Kelly[19] 在 ACK 模型[18]基础上分析了界面粘结情况下初始基体开裂，得到了初始基体开裂应力 σ_{mc_AK}。当界面粘结时，σ_{mc_AK} 与界面剪应力 τ_i 无关。

$$\sigma_{mc\_AK} = \left(\frac{\rho V_f E_f E_c}{r_f E_m}\zeta_m\right)^{1/3} \tag{6.3}$$

式中，ρ 为剪滞模型参数。AK 模型如图 6.9 所示。

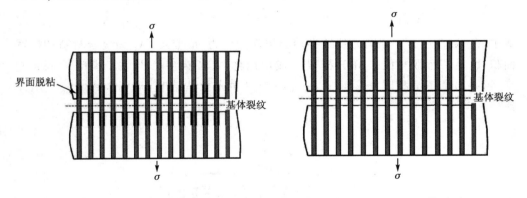

图 6.8　ACK 模型　　　　　　　　　　　图 6.9　AK 模型

　　Budiansky 等[20] 利用 ACK 方法[1]详细分析了脆性基体的开裂过程，考虑了无粘结但有摩擦滑移的界面和初始弱粘结但随后破坏的界面等情况。基体裂纹的稳态扩展过程受到界面粘结状态的影响，考虑三种情况：界面粘结良好，无滑移，不脱粘；界面无粘结，但有摩擦力；界面初始有粘结，但在高应力作用下脱粘（图 6.10）。

　　利用 ACK 能量法[18]，一般的能量关系由初应力弹性体的势能减少得到，在不变的外载荷作用下，弹性体内产生裂纹或者界面滑移，得到的能量关系广泛用于稳态裂纹的扩展计算中。

　　当纤维/基体界面无粘结时，基体裂纹扩展时能量平衡关系为：

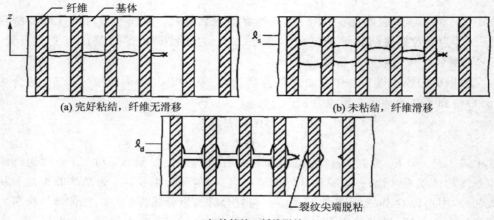

(a) 完好粘结，纤维无滑移　　　　　　　　(b) 未粘结，纤维滑移

(c) 初始粘结，纤维脱粘

图 6.10　基体的稳态开裂

$$\frac{1}{2A_c}\int_L\int_{A_c}(\vec{\sigma}_U - \vec{\sigma}_D):(\vec{\varepsilon}_U - \vec{\varepsilon}_D)\,dA\,dz = V_m\zeta_m \qquad (6.4)$$

当纤维/基体界面粘结时，基体裂纹扩展时能量平衡关系为：

$$\frac{1}{2A_c}\int_L\int_{A_c}(\vec{\sigma}_U - \vec{\sigma}_D):(\vec{\varepsilon}_U - \vec{\varepsilon}_D)\,dA\,dz = V_m\zeta_m + \frac{4V_f l_s}{r_f}\zeta_d \qquad (6.5)$$

式中，$\vec{\sigma}_U$，$\vec{\varepsilon}_U$，$\vec{\sigma}_D$，$\vec{\varepsilon}_D$ 分别为裂纹尖端及尾端的应力-应变场，A_c 为复合材料的横截面积，ζ_d 为界面脱粘能。BHE 模型[20] 成功地将 ACK 模型[18] 与 AK 模型[19] 联系起来，当界面摩擦滑移时，$\sigma_{mc\_BHE} = \sigma_{mc\_ACK}$；当界面完全粘结时，$\sigma_{mc\_BHE} = \sigma_{mc\_AK}$。BHE 模型见图 6.11。

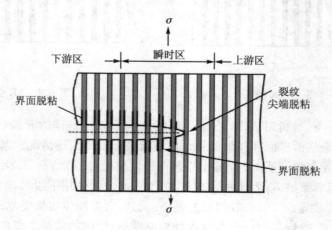

图 6.11　BHE 模型

Kuo 和 Chou[21] 提出了修正剪滞模型,分析了基体出现裂纹、界面发生脱粘时纤维、基体以及界面应力分布,得到界面粘结和界面摩擦滑移两种情况下的初始基体开裂应力 σ_{mc1}^{KC}、σ_{mc2}^{KC}。

$$\sigma_{mc1}^{KC} = \left[\frac{2\beta E_c E_f V_f \zeta_m}{3E_m}\right]^{1/2} - E_c(\alpha_c - \alpha_m)\Delta T \qquad (6.6)$$

$$\sigma_{mc2}^{KC} = \left(\frac{6\tau_i \zeta_m E_c^2 E_f V_f^2}{r_f V_m E_m^2}\right)^{1/3} - E_c(\alpha_c - \alpha_m)\Delta T \qquad (6.7)$$

式中,β 为 Kuo - Chou 剪滞模型参数;α_m 和 α_c 分别为基体、复合材料的热膨胀系数;ΔT 为制备温度与工作温度之差。Karandikar 和 Chou[22] 讨论了界面脱粘长度和界面脱粘能对初始基体开裂应力的影响,发现初始基体开裂应力随着界面脱粘能的增加而减小。在分析中考虑了热残余应力的影响,并与试验数据进行了对比,发现初始基体开裂时伴随界面脱粘。

Sutcu 和 Hillig[23] 分析了小界面脱粘能下基体裂纹稳态扩展。当脱粘区界面剪应力比较小时,初始基体开裂应力取决于 ζ_d/ζ_m,与界面剪应力无关,随着界面剪应力的增大,初始基体开裂应力逐渐接近 σ_{mc_ACK};当界面剪应力比较大时,在基体裂纹扩展过程中界面不发生脱粘,初始基体开裂应力与 σ_{mc_AK} 相同。

Chiang[24] 在 BHE 剪滞模型[20](见图 6.12)基础上,采用 BHE 能量平衡方法[20]确定初始基体开裂应力,结合断裂力学界面脱粘准则,将基体裂纹扩展时的界面脱粘作为裂纹扩展来处理,分析了无摩擦界面($\tau_i = 0$)和摩擦界面($\tau_i > 0$)下初始基体开裂应力。

$$\frac{1}{2}\int_{-\infty}^{\infty}\left[\frac{V_f}{E_f}(\sigma_f^U - \sigma_f^D)^2 + \frac{V_m}{E_m}(\sigma_m^U - \sigma_m^D)^2\right]dz + \frac{1}{2\pi R^2 G_m}\int_{-\infty}^{\infty}\int_{r_f}^{\bar{R}}\left(\frac{r_f \tau_i^D}{r}\right)^2 2\pi r\,dr\,dz =$$

$$V_m \zeta_m + \left(\frac{4V_f l_d}{r_f}\right)\zeta_d$$

$$(6.8)$$

$$G_i = -\frac{P}{4\pi r_f}\frac{\partial w_f(0)}{\partial l_d} - \frac{1}{2}\int_0^{l_d}\tau_i \frac{\partial v(z)}{\partial l_d}dz \qquad (6.9)$$

式中,σ_f^U,σ_m^U 分别为上游区纤维与基体轴向应力;σ_f^D,σ_m^D 分别为下游区纤维与基体轴向应力;τ_i^D 为下游区界面剪应力;l_d 为界面脱粘长度;ζ_m,ζ_d 分别为基体断裂能和界面脱粘能;G_i 为界面脱粘的能量释放率;$P = \pi r_f^2 \sigma / V_f$ 为基体裂纹平面纤维轴向应力;$w_f(0)$ 为基体裂纹平面处纤维轴向位移;$v(z)$ 为纤维与基体之间的相对位移。

当界面为无摩擦界面($\tau_i = 0$)时,一旦界面脱粘,$\sigma_{mc1}^{Chiang} = \sigma_d^{Chiang}$,$\sigma_d^{Chiang}$ 为初始界面脱粘应力;当界面为摩擦界面($\tau_i \neq 0$)时,与 ACK 模型进行了对比,发现当界面剪应力比较小时,$\sigma_{cr2}^{Chiang} = \sigma_{mc}^{ACK}$,随着界面剪应力的增大,$\sigma_{mc}^{ACK}$ 将逐渐超过 σ_{mc2}^{Chiang},这是由于 ACK 模型未考虑基体剪切变形的影响(图 6.13)。

Chiang[25] 采用库仑摩擦法则描述界面脱粘区剪应力分布,结合 BHE 能量平衡

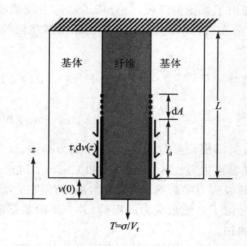

图 6.12　BHE 剪滞模型

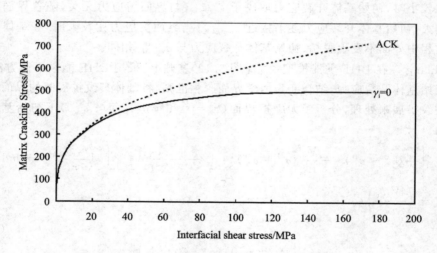

图 6.13　ACK 模型与 Chiang 模型对比图

法[20]、Gao 等[26]的界面脱粘断裂力学脱粘准则,分析了初始基体开裂应力,并与 ACK 模型[18]、BHE 模型[20]进行了对比,如图 6.14 所示,可以看出,随着界面摩擦系数的增大,ACK 与 BHE 模型预测的初始基体开裂应力要比 Chiang 模型大,这是由于在 ACK 和 BHE 模型中,均假设脱粘区界面剪应力为常数,而 Chiang 模型考虑了纤维泊松收缩的影响,其界面剪应力沿纤维轴向发生变化。

2. 短裂纹

Marshall、Cox 和 Evans[27]采用断裂力学应力强度因子法分析了短裂纹非稳态扩展问题,纤维在基体裂纹尖端的桥接作用可以通过纤维桥接牵引力 $p(x)$ 与基体裂纹张开位移 $u(x)$ 之间的关系表示,长度为 $2c$ 的基体裂纹,纤维牵引力 $p(x)$ 与裂

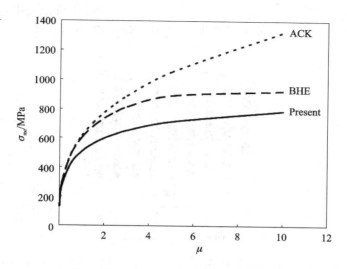

图 6.14　ACK、BHE 与 Chiang 模型对比

纹张开位移 $u(x)$ 之间的关系为：

$$u(x) = \frac{2}{\pi^2} \int_x^c \frac{s}{\sqrt{s^2 - x^2}} \left\{ \int_0^s \frac{\sigma - p(t)}{\sqrt{s^2 - t^2}} dt \right\} ds, 0 \leqslant x \leqslant c \tag{6.10}$$

裂纹尖端的应力强度因子为：

$$K = 2\sqrt{\frac{c}{\pi}} \int_0^c \frac{\sigma - p(x)}{\sqrt{c^2 - x^2}} dx \tag{6.11}$$

当基体裂纹尖端的应力强度因子达到 $K_{Ic} = (V_m E_m \zeta_m)^{1/2}$ 时，基体裂纹将扩展。Marshall 等[28]假设界面摩擦滑移，脱粘区界面剪应力为常数，采用剪滞模型得到了纤维桥接牵引力 p 与基体裂纹张开位移 u 之间的关系：

$$p = \left[\frac{4(1+\eta)^2 E_f V_f^2 \tau_i u(x)}{r_f} \right]^{1/2} \tag{6.12}$$

式中，

$$\eta = \frac{V_m E_m}{V_f E_f} \tag{6.13}$$

结合式(6.10)～式(6.12)得到初始基体开裂应力 σ_{mc_MCE}：

$$\frac{\sigma_{mc\_MCE}}{\sigma_{mc\_ACK}} = 1 + \frac{1}{8} \left(\frac{a}{c_0} \right)^{-3/4} \tag{6.14}$$

式中，a 为初始基体缺陷长度；c_0 为特征基体缺陷长度：

$$c_0 = \frac{1}{2} (\zeta_m)^{1/3} \left[\frac{V_m r_f E_c \sqrt{E_m}}{V_f^2 \tau_i E_f} \right]^{2/3} \tag{6.15}$$

根据式(6.14)和式(6.15)得到：当 $c > c_0$ 时，初始基体裂纹应力 $\sigma_{mc\_MCE} = \sigma_{mc\_ACK}$；当 c

$<c_0$ 时,初始基体裂纹应力 $\sigma_{mc\_MCE}>\sigma_{mc\_ACK}$。从式(6.12)中可以看出,$p(u)\propto u^{1/2}$,这使得在基体裂纹尖端,纤维不承担载荷,这与实际不符(图 6.15)。

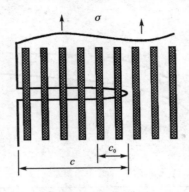

图 6.15　MCE 模型

McCartney[30]给出了纤维桥接牵引力与裂纹张开位移之间的关系:

$$p=\left(\frac{4u\tau_i\eta^2 E_c^2}{r_f E_f}\right)^{1/2} \tag{6.16}$$

尽管上式与 MCE 模型中的 p-u 关系不同,但是在基体裂纹尖端,纤维轴向载荷仍为零。

Chiang 等[30]考虑了基体剪切变形对裂纹张开位移的影响,采用 BHE 剪滞模型分析了界面脱粘区和粘结区应力分布,得到了纤维桥接牵引力与裂纹张开位移之间的关系:

$$u(x)=Ap(x)^2+Bp(x)+C \tag{6.17}$$

式中,A、B、C 为 Chiang 模型参数。在该模型中,其得到的初始基体开裂应力 σ_{mc_Chiang} 要高于 σ_{mc_MCE} 和 $\sigma_{mc\_McCartney}$,其特征基体缺陷长度 c_0 也要比 MCE 和 McCartney 大,随着基体裂纹长度的增加,其初始基体开裂应力 $\sigma_{mc\_Chiang}=\sigma_{mc\_ACK}$。

Chiang[31]采用 BHE 剪滞模型分析复合材料细观应力场分布,假设纤维强度单一分布,纤维在基体裂纹平面发生失效,未考虑纤维失效位置的影响,得到了纤维桥接应力与裂纹张开位移之间的关系,分析了纤维失效对短裂纹初始基体开裂应力的影响(图 6.16)。

Danchaivijit 和 Shetty[32]提出了新的 p-u 关系:

$$p(x)=\frac{\eta\sigma}{2(1+\eta)}\left\{\left[1+\frac{16(1+\eta)^2 E_f V_f^2\tau_i u(x)}{\eta^2\sigma^2 r_f}\right]^{1/2}+1\right\} \tag{6.18}$$

在基体裂纹尖端,基体裂纹张开位移 $u=0$ 时,纤维的桥接应力等于无基体裂纹纤维轴向应力,特征基体缺陷长度 c_0 为:

$$c_0=\pi\left(\frac{r_f K_{Ic} E_f}{6(1-v^2)V_f^2\tau_i}\right)^{\frac{2}{3}} \tag{6.19}$$

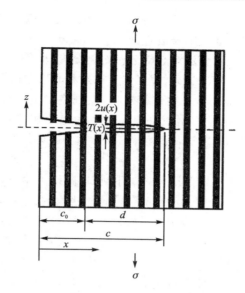

图 6.16　Chiang 模型

式中,v 为复合材料的泊松比,当 $c \gg c_0$ 时,σ_{mc_DS} 初始基体开裂应力趋于 σ_{mc_ACK};当裂纹长度比较短时,σ_{mc_DS} 随 c 的减小而增大;当 $c \ll c_0$ 时,σ_{mc_DS} 与 c 之间关系为:$\sigma_{mc\_DS} \propto c^{-1/2}$。采用该模型预测的初始基体裂纹应力要比 σ_{mc_MCE} 大,但预测的初始基体开裂应力与试验数据吻合。

Thouless 和 Evans[33]将纤维强度统计分布与剪滞模型相结合,分析了未失效纤维、失效且拔出纤维对基体裂纹张开位移的影响,讨论了纤维半径、纤维强度、纤维强度分布和界面粘结强度对短裂纹扩展应力的影响,得到了新的纤维牵引力与裂纹张开位移间关系:

$$\frac{p(x)}{\sum_{V_f}} = \phi^{1/(m+1)} e^{-\phi} + \frac{1-e^{-\phi}}{(1+\eta)(1+m)}\left[\gamma - \frac{\sum(m+1)u(x)}{2E_f\alpha}\right] \quad (6.20)$$

式中,

$$\alpha = \frac{\sum^2 r_f}{2\tau_i E_f(1+\eta)}, \phi = \left[\frac{u(x)}{\alpha}\right]^{(m+1)/2}, \gamma = \int_0^\phi \beta^{1/(m+1)} e^{-\beta}d\beta \quad (6.21)$$

其中,Σ, m 为纤维强度统计参数,在高 m 值下,纤维失效应力主要集中在 Σ 附近;在低 m 值下,纤维失效应力分布在 Σ 上下比较大的范围内。该模型只分析了粘结界面下短裂纹扩展,未考虑界面脱粘的影响。

Xu 等[34]通过改变初始基体裂纹大小研究了 SiC/Si_3N_4 初始基体开裂应力,发现 MCE 模型预测的基体特征缺陷长度 c_0 比较小,稳态基体开裂应力比较高。Cao 等[35]对 SiC/LAS 进行了单轴拉伸试验,发现其初始基体开裂应力趋于稳态基体开裂应力,Danchaivijit 和 Shetty[32]认为这主要是由于基体内部存在大的缺陷造成的,

Kumaria 等[36]发现 SiC/Zircon 初始基体开裂应力远高于稳态基体开裂应力,认为是由于基体内部缺陷小于特征缺陷长度造成的。Anandakumar 等[38]研究了室温与高温下裂纹长度和纤维体积百分比对 SiC/Zircon 初始基体开裂应力的影响,在试样表面制造缺陷随后进行三点弯曲加载,观察到了稳态和非稳态初始基体裂纹扩展,将试验结果与 Marshall 等断裂力学模型进行对比,发现室温下,基体开裂出现在纤维失效之前,Danchaivijit - Shetty 模型很好地预测了非稳态初始基体裂纹应力;在高温下,纤维失效伴随着基体开裂,Thouless - Evans 模型很好地预测了非稳态初始基体裂纹应力。

当基体内部缺陷小于纤维间隔时,采用 MCE 断裂力学方法将无法解决基体裂纹扩展问题,Pagano 和 Kim[38]、Dutton 等[39]通过声发射、试样表面腐蚀显微镜观察以及扫描电镜等手段观察初始基体裂纹,发现其初始基体裂纹应力 σ_{mc} 远远低于 ACK 模型预测的稳态初始基体裂纹应力 σ_{mc_ACK},这些微小的基体裂纹一般出现在局部纤维体积百分比比较低的基体富余区域(见图 6.17),随着应力的增大,小基体裂纹扩展,当扩展到纤维处时,基体裂纹停止扩展。Barsoum 等[40-41]对小基体裂纹进行了分析,这些小基体裂纹的存在并不影响复合材料加载应变和刚度,但是随着载荷的增加,这些小裂纹逐步演变为 MCE 模型中定义的短裂纹,最后演变为 ACK 模型定义的长裂纹。

6.7.2　基体裂纹演化

1. 最大应力准则

Aveston、Cooper 和 Kelly 等[18]首先采用最大应力理论确定陶瓷基复合材料基体裂纹演化,假设基体存在单一强度 σ_{m_ult},当基体应力超过 σ_{m_ult} 时,基体就出现裂纹,假设基体裂纹在复合材料中均匀分布,纤维/基体界面完全摩擦,脱粘区界面剪应力为常数,不考虑纤维失效和热残余应力的影响。图 6.18 给出了采用最大应力准则确定基体裂纹演化过程,采用该准则无法描述基体裂纹随应力逐渐演化过程,基体在

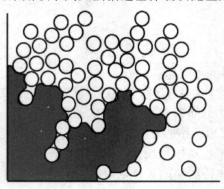

图 6.17　基体富余区出现初始基体裂纹现象

单一应力下达到饱和,使得应力-应变曲线在初始基体裂纹应力处发生阶跃(图 6.19)。

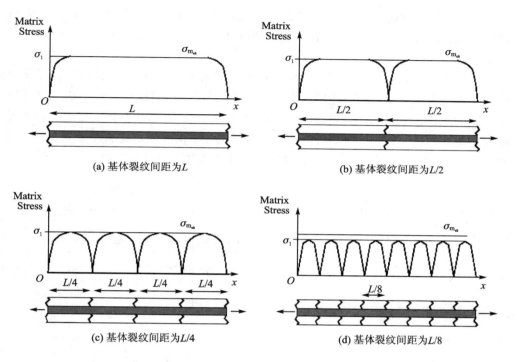

(a) 基体裂纹间距为L

(b) 基体裂纹间距为L/2

(c) 基体裂纹间距为L/4

(d) 基体裂纹间距为L/8

图 6.18　采用最大应力准则确定基体裂纹演化

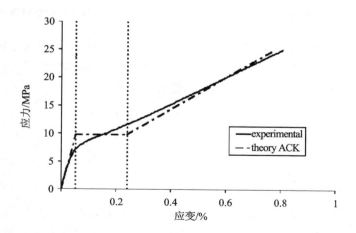

图 6.19　采用最大应力准则确定的应力-应变曲线与试验曲线

Lee 和 Daniel[42]将最大应力准则与修正剪滞模型相结合,考虑了界面脱粘与热残余应力的影响,得到了基体裂纹间隔与应力之间的关系:

$$L = \frac{2}{\beta}\operatorname{arcosh}\left\{\frac{E_m\sigma + E_c\sigma_m^{th}}{E_m\sigma + E_c(\sigma_m^{th} - \sigma_{m_{ult}})}\right\} \tag{6.22}$$

式中，σ_m^{th} 为基体的热残余应力。采用该模型预测的基体裂纹演化与 ACK 最大应力准则类似，其预测的应力-应变曲线仍存在阶跃现象。

2. 裂纹相干模型

Zok 和 Spearing[43] 提出了脆性复合材料裂纹相干性模型，并将其应用到纤维增强陶瓷基复合材料。该模型应用能量平衡方程，通过基体裂纹稳态开裂前后材料内部能量的改变，考虑相邻基体裂纹间应力场的相互干扰因素，用基体应变能释放率判断基体裂纹的扩展，对等间距基体开裂、基体随机开裂两种情况进行了分析（图 6.20 和 6.21），在该模型中还考虑了小裂纹非稳态开裂对基体失效的影响。

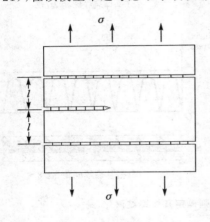

图 6.20　基体等间距开裂

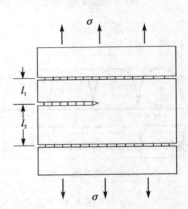

图 6.21　基体随机开裂

假设界面摩擦滑移，界面脱粘长度为 l_d，当 $l_d > L$ 时，基体裂纹之间相互屏蔽，基体应力将无法恢复到无裂纹时的应力水平。考虑两种基体裂纹间隔：$1 \leqslant L/l_d \leqslant 2$ 和 $0 \leqslant L/l_d \leqslant 1$，此时基体裂纹尖端的应变能释放率 g_m 为：

$$\left.\begin{aligned}\frac{g_m}{g_m^c} &= 1 - 4\left(1 - \frac{L}{x'}\right), \quad 1 \leqslant L/l_d \leqslant 2 \\ \frac{g_m}{g_m^c} &= 4\left(\frac{L}{2x'}\right)^3, \qquad 0 \leqslant L/l_d \leqslant 1\end{aligned}\right\} \tag{6.23}$$

式中，g_m^c 为临界基体应变能释放率。

根据 Zok 和 Spearing 的分析[43]，其饱和基体裂纹间隔 L_{sat} 与界面脱粘长度 l_d 之间、饱和基体裂纹应力 σ_{sat} 与初始基体裂纹应力 σ_{mc}^{ACK} 之间满足下面的关系：

$$L_{sat} = 1.26l_d, \sigma_{sat} = 1.26\sigma_{mc\_ACK} \tag{6.24}$$

在 Zok-Spearing 模型中假设其基体内部缺陷长度大于 c_0^{MCE}，并且未考虑界面脱粘对基体裂纹演化的影响（图 6.22）。

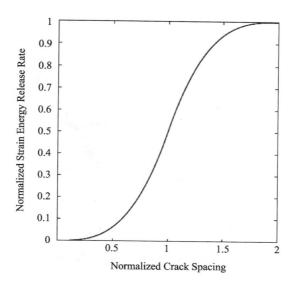

图 6.22　Zok-Spearing 模型中周期性基体裂纹演化下，无量纲标准化 g_m/g_m^c 随 L/l_d 变化

3. 能量平衡法

Weitsman 和 Zhu[44] 采用类似于 BHE 模型的能量平衡原理，分析了多基体裂纹演化过程中两种不同裂纹间隔下的能量平衡，状态 I 时基体裂纹间隔为 L_I，状态 II 时基体裂纹间隔为 L_{II}，当图中阴影部分面积达到临界值时，基体就将出现新的裂纹，假设状态 I 下基体裂纹间隔为状态 II 下基体裂纹间隔的 2 倍（图 6.23）。

当基体出现裂纹时，满足下面的能量平衡关系：

$$(W-U)_I = (W-U)_{II} + \Delta A_m g_m^c + \Delta A_{db} g_{db}^c \qquad (6.25)$$

式中，$(W-U)_I$ 为状态 I 下的基体释放的应变能；$(W-U)_{II}$ 为状态 II 下基体释放的应变能；ΔA_m 为基体出现新裂纹时增加的裂纹面积；ΔA_{db} 为基体出现新裂纹时增加的界面脱粘面积，g_m^c 为基体开裂的应变能释放率；g_{db}^c 为界面脱粘的应变能释放率。

在 Weitsman-Zhu 模型中，假设界面无粘结，其得到的基体裂纹间隔与应力关系曲线以及预测的应力-应变曲线与试验数据仍存在很大的差异（图 6.24）。如果在 Weitsman-Zhu 模型基础上考虑基体缺陷大小与分布、基体裂纹位置以及环境等因素的影响，将会使该模型更好地模拟基体裂纹演化，但是这将使分析更加复杂。

4. 临界基体应变能准则

Solti 等[45] 在 Weitsman-Zhu 模型[44] 的基础上，提出了临界基体应变能准则，如图 6.25 所示。假设基体应变能存在一个临界值，当基体应变能超过临界值时，额外的基体应变能将通过新裂纹产生、界面脱粘扩展等形式耗散掉。

$$U_{mo} + U_m(L) = U_{cr_m} \qquad (6.26)$$

式中，U_{mo} 为基体无损伤时的应变能；$U_m(L)$ 为基体出现裂纹之后基体应变能的减小

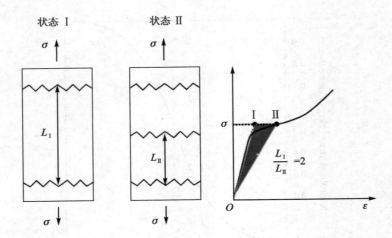

图 6.23 Weitsman-Zhu 基体裂纹演化标准

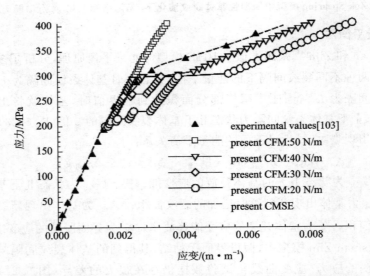

图 6.24 采用 Weitsman-Zhu 临界基体应变能准则预测的应力-应变曲线与实验数据对比

量; U_{cr_m} 为临界基体应变能。该模型考虑了界面脱粘对基体裂纹演化的影响,其预测的基体裂纹密度随应力演化曲线见图 6.26,从图中可以看出,与 Weitsman-Zhu 模型相比,临界基体应变能准则很好地预测了基体裂纹间隔随应力演化。

5. 随机开裂模型

Curtin[46]采用三参数韦布尔分布来描述基体内部强度分布,结合基体失效的强度准则以及简化剪滞模型来模拟基体裂纹间隔随应力演化,基体强度分布为 $\Phi(\sigma, V)$:

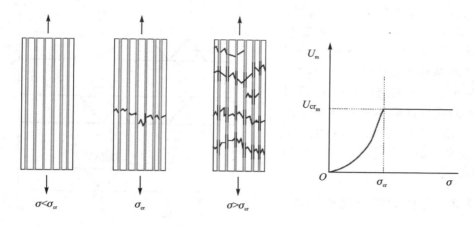

图 6.25　临界基体应变能准则

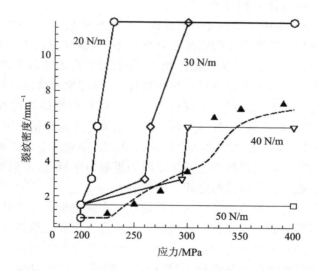

图 6.26　采用 Weitsman-Zhu 临界基体应变能准则预测的基体裂纹密度随应力演化

$$\Phi(\sigma, V) = \frac{V}{V_0} \left(\frac{\sigma - \sigma^*}{\sigma_0} \right)^m \qquad (6.27)$$

式中,m 为威布尔参数;σ_0 为基体特征应力,σ^* 为最小的基体开裂应力,V 为材料体积,V_0 为材料的特征体积,在该体积之内含有一基体缺陷小于特征基体缺陷长度 c_0^{MCE}。图 6.27 给出了基体随机开裂过程,与确定单纤维断裂过程类似,Curtin[46] 将基体裂纹间隔分为长基体裂纹间隔 $(L > 2l_d(\sigma))$、中等基体裂纹间隔 $(l_d(\sigma) < L < 2l_d(\sigma))$ 和短基体裂纹间隔 $(L < l_d(\sigma))$,$l_d(\sigma)$ 为应力 σ 下的界面脱粘长度。随着应力的增大,长基体裂纹间隔与中等基体裂纹间隔不断转变为短基体裂纹间隔,由于相邻基体裂纹之间的屏蔽作用,当所有基体裂纹间隔均小于界面脱粘长

度 $l_d(\sigma)$ 时,基体裂纹将将达到饱和。

Curtin 又考虑了热残余应力、界面脱粘、纤维失效以及基体局部富集对基体裂纹演化的影响[47]。但是在 Curtin 的随机模型中,采用简单的强度准则确定基体裂纹演化,忽略了基体裂纹之间的相互作用,低估了裂纹演化过程中能量的释放。

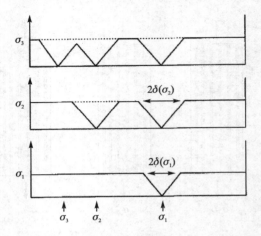

图 6.27　随机基体开裂过程

6.7.3　界面力学及性能评价

众所周知,复合材料的力学性能依赖于增强体和基体之间的界面力学特性。控制增强体和基体之间的界面力学特性在复合材料的研究中占有极其重要的位置,特别是在纤维增强陶瓷基复合材料中,复合材料的力学特性(例如拉伸性能、疲劳性能、蠕变性能以及抗氧化性能等)强烈的依存赖于纤维和基体之间的界面特性。例如,在纤维增强复合材料的拉伸过程中,当纤维和基体之间的结合是相当弱的时候,在陶瓷单体中从来没有出现过的大破坏以及积累破坏过程被观察到。这个过程是由于在基体开裂以后,纤维架桥裂纹的结果。在这种情况下,纤维的架桥裂纹行为依赖于纤维和基体之间的界面应力传递机制。因此对于纤维增强陶瓷基复合材料,只有正确地理解和把握纤维与基体之间的界面力学特性,才能理解和把握复合材料的力学特性、破坏行为以及与之相关的机制。

综上所述,由于界面的力学特性在复合材料研究领域里占有及其重要的地位,因此,有关复合材料的界面力学特性的问题被广泛地进行研究。概括起来,这些研究主要包括以下几个方面:①界面力学在复合材料机械特性中的作用;②界面处的应力传递机制;③界面力学特性的定量评价;④界面的化学反应和结构特征。在本节中,简要地描述了纤维增强陶瓷基复合材料中的一般界面力学问题以及常用的界面力学特性的测定方法、界面脱粘准则。

1. 界面模型

复合材料的界面力学特性可以分为两类:界面的拉伸特性和剪切特性。特别是界面的剪切特性对复合材料的力学性能有着重要的影响。这是由于复合材料的力学特性取决于纤维和基体之间的界面应力传递能力。界面的剪切力学特性直接反映了界面处应力传递能力的大小,该特性包括界面的脱粘力学特性和滑移力学特性。复合材料的界面剪切特性由这些应力的相对大小来决定。在界面力学特性的早期研究中,界面剪应力的大小沿着界面被认为是不变的,即界面剪应力的大小在整个界面上到处都一样。然而实际上界面的剪应力沿界面存在一个大小不一的分布,而且这种分布随着界面的结合状态而变化。因此在研究界面的剪切特性时,界面剪应力被分为界面脱粘应力和界面脱粘后的滑移应力两种情况来考虑。在一些研究中也考虑了界面剪应力沿界面的分布(图 6.28)。

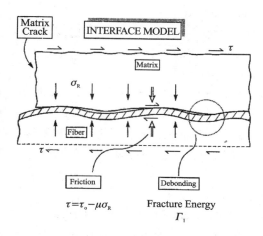

图 6.28　界面模型

(1) 界面脱粘

界面的脱粘条件可以用界面剪切脱粘应力 τ_{ult} 或者界面脱粘能的释放率 G_i 来表示。在利用各种实验方法测定界面剪切脱粘应力的时候,确定切应力沿界面的分布是必不可少的。另一方面,由于切应力沿着界面的分布与使用的解析式有着明显的相关性,因此在确定界面脱粘的条件时,一般通过试验求得与切应力沿着界面分布无关的界面脱粘能的释放率。在目前的研究阶段,既能满足界面脱粘能的释放率标准,又能满足界面脱粘应力标准的条件是不可能的。无论在哪种情况下,界面脱粘的条件都依赖于界面脱粘处的化学结合状态以及残余应力。

(2) 界面滑移

在界面脱粘之后,由于纤维和基体之间的相对位移而导致了界面滑移的产生,此时,界面的滑移应力 τ_i 被作为判断界面滑移的条件。与界面脱粘的条件一样,界面的切应力也是从求切应力沿着界面的分布过程中推导出来的。在一般情况下,如果假定界面处产生的滑移应力是由于界面的微观凹凸不平而引起的话,那么界面的剪切滑移应力可以通过下面的库仑摩擦定律公式求得:

$$\tau_i = \tau_0 + \mu(\sigma_r^T + \sigma_r^P + \sigma_r^R) \tag{6.28}$$

式中,μ 为界面的滑移摩擦系数;σ_r^T 为纤维半径方向上的残余热应力;σ_r^P 为因纤维和基体之间的泊松比的差而产生的纤维径向应力;σ_r^R 为因滑移界面处的凹凸不平而引起的纤维径向应力;τ_0 为作用在纤维轴向上与上述应力无关的界面切应力。

2. 界面属性测量方法

最近几十年,纤维增强陶瓷基复合材料的界面切应力的测量方法得到了广泛的发展,可以分为直接测量法和间接测量法。

直接测量法包括:

①多重断裂法(Multiple Fracture Method);

②拔出法(Pull – out Method);

③推出法(Push – out Method);

④推入法(Push – in Method);

⑤突出法(Protrusion Method);

⑥带缺口试样裂纹桥接法(Crack – Bridging Tractions of Notched Specimens)。

这些方法基本上是从复合材料中沿纤维轴向切出一个具有一定厚度的板状试样,然后在试样的纤维端面上施加一个压力迫使纤维和基体之间的界面发生脱粘和滑移,不管哪一种方法,从原理上来说都可以把界面脱粘应力和界面滑移应力分别求出。

间接测量方法包括:

①测量基体开裂法(Measurement of Matrix Cracking Method);

②测量界面脱粘长度法(Measurement of Interface De – bonding Length Method);

③测量纤维拔出长度法(Measurement of Fiber Pull – out Length Method);

④测量试样表面温度法(Measurement of Specimen Surface Temperature Method);

⑤测量迟滞回线包围面积法(Measurement of Hysteresis Loops Area Method);

⑥迟滞回线分析法(Analysis of Hysteresis Loops Method)。

这些方法基本上都是通过复合材料拉伸、疲劳加载时损伤机制得到脱粘区界面剪应力。下面将分别介绍上述测量界面剪应力的方法。

(1) 多重断裂法

这种方法早期被用于测定大直径纤维增强金属基复合材料的界面切应力。在这种方法中,一根大直径纤维被夹在两块薄金属板之间,然后在高温真空或者保护气氛中通过扩散热压得到一种模型材料。制得的材料被加工成拉伸试样。在试样的加工过程中需要注意的是始终要使纤维处于试样的中间。然后在普通的拉伸试验机上拉伸该试样到达屈服点以上或者直接拉断试样。拉伸后的试样经过仔细的研磨和抛光,使埋入的纤维暴露在表面,在显微镜下测定纤维碎片之间的距离,得到纤维碎片的长度分布,求出平均纤维碎片长度。复合材料的界面滑移应力可以通过下面的公式得到:

$$\tau_i = \frac{d\sigma_f}{2L_c} \tag{6.29}$$

式中,σ_f 为纤维的断裂强度;d 为纤维直径;L_c 为纤维的临界长度。

类似的方法可以用于测定纤维增强陶瓷基复合材料的界面切应力(见图 6.29),但是在利用这种方法测定纤维增强陶瓷基复合材料的界面切应力时,需要注意的是在这类复合材料拉伸时与金属基复合材料表现出不同的损伤行为。在纤维增强陶瓷

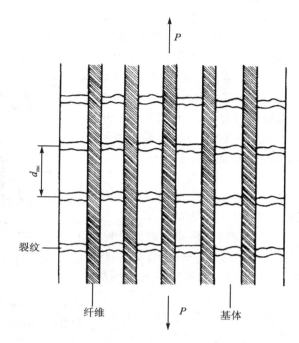

图 6.29　多重断裂法测定陶瓷基复合材料的界面剪切力学特性的原理示意图

基复合材料的拉伸过程中,在拉伸应力的作用下纤维并未发生断裂,而基体开裂,形成了具有一定间隔的多重裂纹。在这种情况下,测定的裂纹间距离是基体裂纹之间的距离。这种情况只适用于纤维和基体之间的界面结合相对弱的场合。即在基体开裂之后,允许纤维和基体之间产生相对滑移。此时载荷完全由纤维承担,复合材料的断裂强度完全由纤维的断裂强度特征来决定。否则的话,当基体和纤维之间的界面结合过强的话,纤维和基体之间的界面相对滑移不能发生,上述方法不再适用。在这里采用拉伸断裂之后测定的基体裂纹密度 $1/L$ 代替上述纤维碎片长度,界面剪应力可以用下面的公式表示:

$$\tau_i = \frac{1.761 r_f E_m \sigma_{mc}(1-V_f)}{2E_c L V_f} \tag{6.30}$$

式中,r_f 为纤维半径;V_f 为纤维体积百分比;σ_{mc} 为基体开裂应力;L 为测定的基体裂纹间距;E_m 为基体的弹性模量;E_c 为复合材料的弹性模量。

复合材料的弹性模量可以由纤维和基体的弹性模量及它们的体积分数通过混合律求出,即:

$$E_c = V_f E_f + (1-V_f)E_m \tag{6.31}$$

式中,E_f 为纤维的弹性模量。

（2）拔出法

在拔出纤维法测定中,把一根大直径纤维（例如,化学气相沉积法制得的碳化硅纤维,直径约 140 μm)的一端埋入基体中,另一端露出在外面。为了避免纤维在拉伸过程中受到损伤发生和发生滑移,在拉伸之前用粘结剂把纤维固定在铝箔中间。在一台普通的拉伸试验机上,安装好试样,然后拉伸加载。直到纤维从基体中拔出为止,如图 6.30 所示。在拉伸试验过程中,拉伸载荷和纤维的位移被测定。通过得到的载荷-位移关系曲线可以得到界面的剪应力特性,界面脱粘应力为:

$$\sigma_{\mathrm{d}} = \frac{P_{\mathrm{d}}}{2\pi r_{\mathrm{f}} L_{\mathrm{t}}} \qquad (6.32)$$

式中,P_{d} 为界面脱粘时的载荷;L_{t} 为试样厚度。

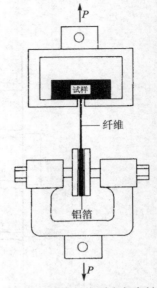

　　界面脱粘载荷可以从载荷-位移关系曲线得到。由于在界面脱粘发生之后,产生了一种永久变形,因此界面脱粘载荷被定义为载荷-位移曲线上非线性变形开始时的载荷。在某种特殊情况下,载荷会随着位移的增加而增大直到达到一个最大值,载荷突然下降,在这种情况下,界面脱粘应力为:

图 6.30　拔出纤维测定复合材料界面剪切力学特性的装置示意图

$$\sigma_{\mathrm{d}} = \frac{P_{\max}}{2\pi r_{\mathrm{f}} L_{\mathrm{t}}} \qquad (6.33)$$

式中,$P_{\max}$ 为载荷位移曲线上的最大载荷。

　　在界面脱粘之后,纤维和基体之间发生相对滑移。此时,界面的滑移应力也可以从拉伸试验中得到的载荷位移曲线求出。即:

$$\tau_{\mathrm{i}} = \frac{P(z)}{2\pi r_{\mathrm{f}} z(u, L_{\mathrm{t}})} \qquad (6.34)$$

式中,$z(u, L_{\mathrm{t}})$ 为界面剪切滑移长度;$P(z)$ 为相对于界面剪切滑移长度 $z(u, L_{\mathrm{t}})$ 时的载荷。

　　在这里,需要指出的是,在载荷位移曲线上所表示的位移并不单纯是纤维的位移,它包括纤维的弹性变形,试验机本身的变形,夹具的变形及纤维的滑移长度(这种变形只在界面的滑移产生以后才存在)。因此,在使用得到的位移时,必须考虑校正。纤维自身的弹性变形可以通过下面的公式得到:

$$\delta_{\mathrm{f}} = \frac{PL_{\mathrm{g}}}{\pi r_{\mathrm{f}}^2 E_{\mathrm{f}}} \qquad (6.35)$$

式中,P 为拉伸载荷;L_{g} 为纤维有效工作部分的长度。

　　另一方面,试验机本身的变形和夹具的变形可以通过界面滑移产生前的载荷-位移曲线得到。由于采用这种方法测定界面剪切力学特性时,需要专门制作一个试样,因此,这种方法在实际的应用中受到了极大的限制。由于一些新的界面力学特性测定方法的出现且这些方法使用简单可靠,因此这种测定方法在界面力学的测定中已经不经常使用。

（3）推出法

在使用推出法测定复合材料的界面剪切力学特性时,从复合材料中在与纤维轴向垂直的方向切出一个薄片,其厚度从数微米到数毫米。然后,把切下的复合材料薄片进行研磨和抛光。抛光后的试样放在一台特殊的试验机上,把一个微小的由坚硬的材料（例如碳化钨等）制成的平头圆棒状压头放到复合材料中纤维的正上方,然后逐渐增加压力,最后使纤维从底部推出（见图 6.31～图 6.32）。在试验过程中,得到作用在纤维上的载荷-位移曲线。

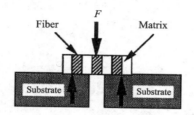

图 6.31　纤维推出试验示意图

在假定界面切应力沿着滑移界面不变的情况下,测定的界面剪切力学特性可以用和上述拔出纤维法中相类似的公式计算。此时,界面的脱粘剪切应力可以通过下面的公式得到：

$$\sigma_d = \frac{P_d}{2\pi r_f L_t} \tag{6.36}$$

或者

$$\sigma_d = \frac{P_{\max}}{2\pi r_f L_t} \tag{6.37}$$

在界面脱粘之后,界面的滑移应力可以通过下面的公式得到,即：

$$\tau_i = \frac{P(z)}{2\pi r_f z(u, L_t)} \tag{6.38}$$

因此,从上面的公式可知,只要作用在纤维上的载荷和纤维端部表面的位移已知,那么,界面的滑移应力 τ_i 就可以求出。作用在纤维上的载荷可以从载荷位移曲线直接得到,纤维端部表面的位移也可以从载荷位移曲线上得到。但是在确定真实的纤维位移时,需要注意的是位移的大小等于在载荷 $P(z)$ 时对应的位移减去界面脱粘载荷 P_d 时的位移。另一方面,当界面滑移应力 τ_i 沿着界面发生变化时,通过剪切滞后法假定界面切应力的分布,也可以通过上述方法得到。

在利用推出纤维法测定复合材料的界面力学特性时,即使在假定界面的切应力沿着界面存在分布的情况下,通过使用不同厚度的试样也可以相对容易地求出界面的切应力。通过不同厚度的试样的试验,得到界面滑移开始时作用于纤维上的应力

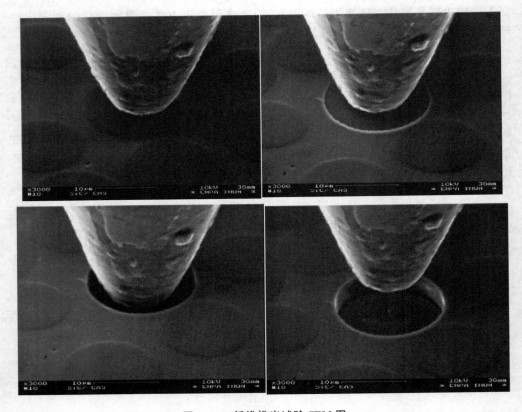

图 6.32　纤维推出试验 SEM 图

和试样厚度之间的关系。通过这种关系可以分别求出界面的摩擦因数 μ 和作用在纤维径向上的残余应力 $\sigma_r(=\sigma_r^T+\sigma_r^P+\sigma_r^R)$。

　　界面的脱粘应变能释放率 G_i，在不考虑摩擦应力影响的情况下，通过下面的公式得到：

$$G_i=\frac{1-2v_f k}{4\pi^2 E_f r_f^3}(P_d+P_r)P_d \tag{6.39}$$

式中，v_f 为纤维的泊松比；P_r 为纤维轴向的残余应力；k 为材料常数。k 的大小依赖于纤维和基体的弹性性质，它可以采用下面的公式得到：

$$k=\frac{E_m v_f}{E_f(1+v_m)+E_m(1-v_f)} \tag{6.40}$$

式中，v_m 为基体泊松比。

　　在一个特殊的情况下，即不存在摩擦和残余应力的场合，界面的脱粘应变能释放率 G_i，可以简单地通过下面的公式得到：

$$G_i=\frac{(1-2v_f k)P_d^2}{4\pi^2 E_f r_f^3} \tag{6.41}$$

　　此外,从原理而言,纤维推出法也可以用于测定小直径纤维增强陶瓷基复合材料的界面力学特性。但是在这种情况下,试样必须非常薄。一般而言,试样的厚度在数十微米之内。为了得到如此薄的试样,试样的制作需要花费很大功夫。因此,到目前为止,这种方法主要用于大直径纤维(例如,典型的化学气相沉积法制成的碳化硅纤维,其直径 $d_f \approx 140~\mu m$)增强陶瓷基复合材料的界面力学特性的测定。另外,利用这种方法不仅可以测定复合材料的界面剪切力学特性,还可以测定复合材料中作用在纤维径向上的残余应力。

　　(4) 推入法

　　在使用推入纤维法测定复合材料的界面剪切力学特性时,所使用的试样的制作方法与上述的推出法中所使用的方法一样。但是,使用试样的厚度不同。在本方法中使用的试样厚度远远大于推出法中使用的试样厚度。在切出的试样经研磨和抛光之后,它们被放在试验机上,然后进行测定(见图 6.33)。在测定的过程中,把一个微小的由坚硬材料(例如,碳化钨等)制成的平头或者尖头的圆棒的压头放在复合材料试样中纤维的上面,使其正好位于纤维端部的中央,然后逐渐增加压力,直到纤维和基体之间发生脱粘。在界面脱粘之后,在假定切应力沿着滑移界面不变的情况下,测定的界面剪切滑移应力 τ_i,可以采用下面的公式得到:

$$\tau_i = \frac{P^2}{4\pi^2 r_f^3 E_f \delta} \tag{6.42}$$

式中,P 为作用在纤维上的载荷;δ 为纤维上部表面的位移。

　　因此,从上面的公式可以看出,只要在推出纤维时,载荷和纤维上端部表面的位移已知,那么界面剪应力就可以得到。在另一方面,当界面剪应力沿着界面变化时,通过剪切滞后法假定界面剪应力的分布,也可以求出界面剪应力。

　　界面脱粘应力 σ_d 可以根据在推入纤维过程中记录的界面脱粘发生时的载荷 P_d,通过下面的公式得到:

$$\sigma_d = \frac{P_d}{2\pi r_f^2} \left\{ \frac{2E_m}{E_f (1 + v_m)^2 \ln(1/\sqrt{V_f})} \right\} \tag{6.43}$$

　　此外,界面脱粘的应变能释放率 G_i,可以利用纤维和基体之间产生相对位移时作用在纤维上端部的最大载荷 P_d,通过下面的公式得到:

$$G_i \approx \frac{(P_d)^2}{4\pi^2 E_f r_f^3} \tag{6.44}$$

　　在使用上面的公式求解界面剪应力以及界面脱粘应变能时,需要注意的是,在这些公式中没有考虑残余应力的影响。

　　(5) 突出法

　　突出法测定界面剪应力的方法不同于上述推出法和推入法(见图 6.34)。在这种方法中,经过研磨和抛光的试样被夹在一块小的较软的刚性板(通常使用铝等金属板)和大的较硬的刚性板(通常使用碳化硅等陶瓷板)之间,然后通过在两块板之间施

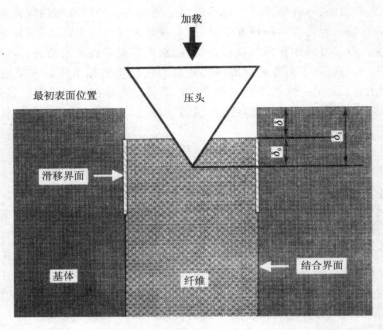

图 6.33　推入纤维法测定复合材料界面剪切力学特性的原理示意图

加压力。在施加压力过程中,由于基体和纤维的刚性不同(一般来讲,纤维的弹性模量高于基体),刚性大的纤维被压入软的金属板中。当压缩载荷被完全卸下时,由于金属的塑性变形和界面脱粘以及纤维和基体之间的相对滑移,在软的金属板内会留下一定深度的纤维压入的痕迹。这就造成复合材料的端面凹凸不平。通过测量凸出纤维的长度,就可以求出界面的剪切力学特性。在这种情况下,界面的剪切滑移应力 τ_i 可以通过下面的公式得到:

$$\tau_i = \frac{(1 - V_f)(E_f - E_m)^2 r_f^2 \sigma^2}{4 E_f E_m E_c u} \tag{6.45}$$

式中,u 为纤维从基体中凸出的长度。

　　这种方法和上述的推出纤维法和推入纤维法相比,主要的优点是它不需要特殊的装置,而且使用这种方法还可以测量高温下的界面力学特性。但是,它存在着一些缺陷。例如,使用这种方法测定的界面剪应力的精度依赖于界面应力分布理论的研究进展。就目前状况而言,由于界面应力分布的严密解析没有明显的进展,因此这种方法只能测定在界面应力分布不变情况下复合材料的界面剪应力。

　　(6) 带缺口试样裂纹桥接法

　　带缺口试样裂纹桥接法主要用来测量叠层、编织陶瓷基复合材料界面剪应力(见图 6.35)。对于单向材料(纤维单向铺层),当材料存在缺口时,在拉伸载荷作用下将迅速失效,给测量带来很大的误差。对缺口试样进行单轴拉伸时,得到桥接牵引力 P

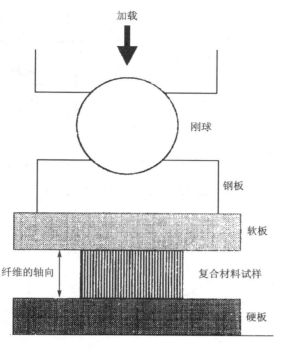

图 6.34   突出纤维法测定复合材料界面剪切力学特性的装置示意图

与缺口处张开位移之间的关系，引伸计测量的缺口张开位移包括缺口处张开位移和引伸计测试段范围：

$$\sigma(u) = \left(\frac{V_f \tau_i}{r_f}\right) \int_u^\infty g(h)(h-u)\,dh \qquad (6.46)$$

式中，h 为纤维拔出长度；$g(h)$ 为纤维拔出长度的概率密度函数：

$$g(h) = \left(\frac{1}{h^*}\right) \exp\left(-\frac{h}{h^*}\right) \qquad (6.47)$$

式中，h^* 为纤维拔出的平均长度，结合上述两式得到：

$$\sigma(u) = \left(\frac{V_f \tau_i h^*}{r_f}\right) \exp\left(-\frac{u}{h^*}\right) \qquad (6.48)$$

在上式等式两端取对数，得到 $\ln\sigma - u$ 呈线性关系，其斜率为 $-1/h^*$，初始值（$u=0$）为 $\ln(V_f \tau_i h^*/r_f)$，因此通过拟和试验 $\ln\sigma - u$ 曲线就可以得到平均纤维拔出长度和界面剪应力（图 6.36）

（7）测量基体开裂方法

Aveston、Cooper 和 Kelly[1]采用能量平衡法得到了初始基体开裂应力 σ_{mc_ACK}：

$$\sigma_{mc\_ACK} = \left[\frac{6\tau_i \zeta_m V_f^2 E_f E_c^2}{(1-V_f) E_m^2 r_f}\right]^{1/3} \qquad (6.49)$$

式中，V_f 为纤维体积百分比；E_f，E_m，E_c 分别为纤维、基体和复合材料的弹性模量；

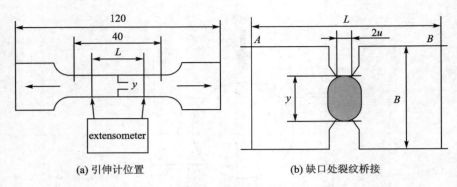

(a) 引伸计位置　　　　　　　　　　　　**(b) 缺口处裂纹桥接**

图 6.35　带缺口试样裂纹桥接试验图

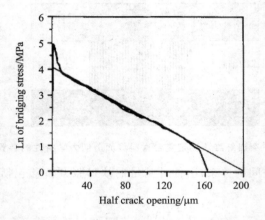

图 6.36　2D SiC/SiC 复合材料试样测量与拟和的 $\ln \sigma - u/2$ 曲线

ζ_m 为基体断裂能;τ_i 为界面剪应力。从上式可以看出,在已知纤维与基体材料属性情况下,通过测量初始基体开裂应力就可以得到界面剪应力(通过声发射以及对试样表面进行酸性腐蚀进行显微镜观测等手段得到初始基体开裂应力)。

Zok 和 Spearing[43] 发现当基体裂纹达到饱和时,其饱和基体裂纹间隔 L_sat 与界面剪应力之间满足下面的关系:

$$\frac{L_\mathrm{sat}}{r_\mathrm{f}} = \chi \left[\frac{\zeta_\mathrm{m}(1 - V_\mathrm{f})^2 E_\mathrm{f} E_\mathrm{m}}{V_\mathrm{f} \tau_\mathrm{i}^2 E_\mathrm{c} r_\mathrm{f}} \right]^{1/3} \tag{6.50}$$

式中,χ 为基体裂纹演化系数,当基体裂纹周期性演化时,$\chi \approx 1.6$。

Curtin[47] 考虑了基体内部缺陷对基体裂纹演化的影响,得到了饱和基体裂纹间隔 L_sat 与界面剪应力 τ_i 之间的关系:

$$\tau_\mathrm{i} = \frac{(1 - V_\mathrm{f}) E_\mathrm{m}}{V_\mathrm{f} E_\mathrm{c}} \frac{r_\mathrm{f} \sigma_\mathrm{R}}{2 L_\mathrm{sat}} \Lambda (m, \sigma_\mathrm{R}/\sigma_\mathrm{mc\_MCE}) \tag{6.51}$$

式中,σ_R 为基体特征应力,Λ 为 Curtin 模型参数,该参数与基体威布尔模量 m、基体特征应力以及 MCE 模型初始基体开裂应力 $\sigma_\mathrm{mc\_MCE}$ 相关(见图 6.37)。

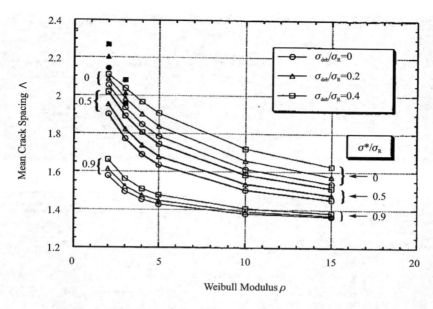

图 6.37 Curtin 模型参数 Λ 随基体威布尔模量变化曲线

(8) 测量界面脱粘长度的方法

Sun 和 Sing[48] 通过直接测量基体裂纹演化过程中的界面脱粘长度来得到界面参数,将界面脱粘长度与界面属性相联系。图 6.38 给出了界面脱粘长度随载荷变化的显微镜图,图 6.39 给出了不同基体裂纹的界面脱粘长度随应力变化的曲线。

许多学者对基体开裂过程中界面脱粘进行了研究,目前主要存在两种方法确定界面脱粘长度:力平衡法和能量平衡法。Hutchinson 和 Jensen[49]、Marshall 等[27]、Budiansky 等[20] 采用纤维轴向应力平衡确定界面脱粘长度:

$$\frac{l_d}{r_f} = \left(\frac{V_m E_m}{V_f E_c}\right)\frac{\sigma - \sigma_d}{2\tau_i} \tag{6.52}$$

式中,σ_d 为初始界面脱粘应力:

$$\sigma_d = \left(\frac{2V_f E_c}{\rho V_m E_m}\right)\sqrt{\frac{4G_m \zeta_d}{r_f \varphi}} \tag{6.53}$$

式中,G_m 为基体的剪切模量,ρ 为 BHE 模型剪滞模量,φ 为 BHE 模型参数。

$$\rho^2 = \frac{4E_c G_m}{V_m E_m E_f \varphi}$$

$$\varphi = \frac{2\ln V_f + V_m(3 - V_f)}{2V_m^2} \tag{6.54}$$

与力平衡方法相比,能量平衡法采用能量平衡关系将界面脱粘长度与界面属性相联系,其界面脱粘标准为,当界面脱粘尖端的应变能释放率达到临界值时,界面将发生脱粘。根据能量平衡法得到界面脱粘长度为:

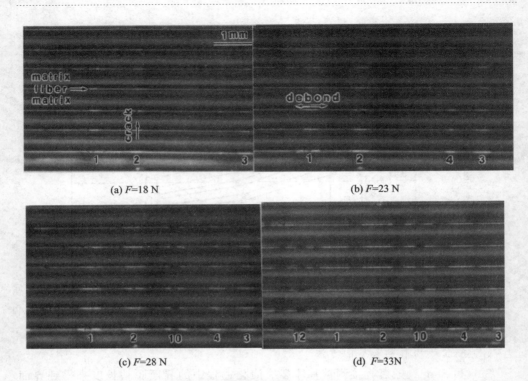

(a) $F=18$ N　　　　　　　　　　　　　　　(b) $F=23$ N

(c) $F=28$ N　　　　　　　　　　　　　　　(d) $F=33$N

图 6.38　基体裂纹演化过程中界面脱粘长度随载荷变化显微镜图

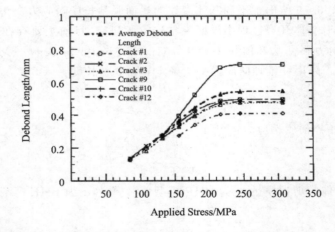

图 6.39　基体裂纹演化过程中界面脱粘长度随应力变化曲线

$$\frac{l_{\mathrm{d}}}{r_{\mathrm{f}}}=\frac{\sigma}{2\tau_{\mathrm{i}}V_{\mathrm{f}}}\left\{1-\left[\frac{V_{\mathrm{f}}E_{\mathrm{f}}}{E_{\mathrm{c}}}+\frac{V_{\mathrm{m}}E_{\mathrm{m}}}{E_{\mathrm{c}}}\left(\frac{\sigma_{\mathrm{d}}}{\sigma}\right)^{2}\right]^{1/2}\right\} \tag{6.55}$$

式中

$$\sigma_d = V_f \left(\frac{4\zeta_d E_f}{r_f} \right)^{1/2} \tag{6.56}$$

从式(6.52)和式(6.55)可以看出,应力与界面脱粘长度之间的关系为:

$$l_d = \frac{F(\sigma)}{\tau_i} \tag{6.57}$$

$$F(\sigma) = \begin{cases} \dfrac{V_m E_m r_f}{2 V_f E_c}(\sigma - \sigma_i) \\[2mm] \dfrac{\sigma r_f}{2 V_f} \left\{ 1 - \left[\dfrac{V_f E_f}{E_c} + \dfrac{V_m E_m}{E_c} \left(\dfrac{\sigma_i}{\sigma} \right)^2 \right]^{1/2} \right\} \end{cases} \tag{6.58}$$

从上式中可以发现,$F(\sigma) - l_d$ 呈线性关系,其斜率为 τ_i,通过拟和脱粘参数 $F(\sigma)$ 与界面脱粘长度 l_d 关系曲线,就可以得到界面剪应力 τ_i。从图 6.40 中可以看出,通过能量平衡方法得到的界面剪应力要小,这主要是由于考虑了界面脱粘区摩擦能量项造成的,随着界面脱粘长度不断增加,脱粘区界面脱粘造成的能量耗散产生的影响越来越大,而力平衡法却未考虑该因素,使得其预测的界面剪应力偏大。根据试验观察得到初始界面脱粘应力 σ_i,结合式(6.53)或者式(6.56)就可以得到界面脱粘能 ζ_d。

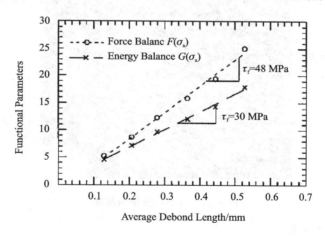

图 6.40　通过力平衡和能量平衡方法得到界面剪应力

(9) 测量纤维拔出长度

Curtin[50] 对陶瓷基复合材料失效强度进行了分析,由于纤维强度存在统计性,在其断裂表面出现了不同长度的纤维拔出长度,其平均纤维拔出长度 h^* 与界面剪应力 τ_i 存在下面的关系:

$$h^* \tau_i / r_f S_c = \lambda(m) \tag{6.59}$$

式中,S_c 为纤维特征强度,m 为纤维韦布尔模数。图 6.41 给出了多基体裂纹和单基体裂纹失效时参数 $\lambda(m)$ 随纤维韦布尔模数的变化曲线,纤维特征强度 S_c 可以通过对失效纤维断面进行断裂镜面测试得到(图 6.42)。

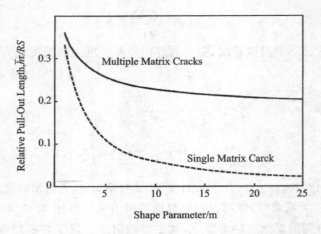

图 6.41　无量纲参数 $\lambda(m)$ 随纤维韦布尔模数变化曲线

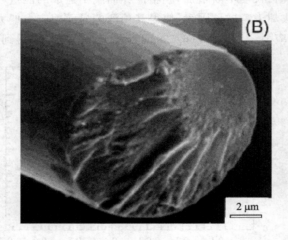

图 6.42　纤维断裂镜面测试

（10）测量试样表面温度

Holmes 和 Shuler[51] 对 C/SiC 进行拉-拉疲劳试验时,发现循环过程中试样表面温度升高（图 6.43）,这主要是由于纤维在脱粘区摩擦滑移造成的。Cho 等[52] 将纤维摩擦滑移所做功与热量耗散相联系,得到循环载荷下的脱粘区界面剪应力。

当界面部分脱粘时,单位时间单位体积内纤维相对基体在界面脱粘区摩擦滑移所做功为：

$$\frac{\mathrm{d}w_{\text{fric}}}{\mathrm{d}t} = \frac{V_{\text{f}} r_{\text{f}} \Delta\sigma^3}{12 E_{\text{f}} L \tau_i} \left[\frac{(1 - V_{\text{f}}) E_{\text{m}}}{V_{\text{f}} E_{\text{c}}} \right]^2 \tag{6.60}$$

当界面部分/完全脱粘时,单位时间单位体积内纤维相对基体在界面脱粘区摩擦滑移所做功为：

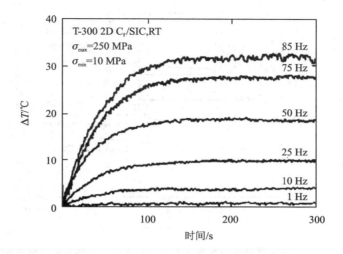

图 6.43　室温 C/SiC 拉-拉疲劳试验观察到试样表面温度升高

$$\frac{\mathrm{d}w_{\mathrm{fric}}}{\mathrm{d}t} = 2V_{\mathrm{f}}\frac{\tau_{\mathrm{i}}}{E_{\mathrm{f}}}\frac{L}{2r_{\mathrm{f}}}\Delta\sigma - \frac{V_{\mathrm{f}}L^2}{6r_{\mathrm{f}}^2}\frac{V_{\mathrm{f}}}{1-V_{\mathrm{f}}}\frac{E_{\mathrm{c}}}{E_{\mathrm{m}}}\frac{\tau_{\mathrm{i}}^2}{E_{\mathrm{f}}} \tag{6.61}$$

式中,$\Delta\sigma$ 为循环加载应力范围。

单位时间单位体积试样向周围环境释放的热量为 $\mathrm{d}q/\mathrm{d}t$,是试样表面对流、辐射与热传导造成热量散失之和:

$$\frac{\mathrm{d}q}{\mathrm{d}t} = \left[h'(T_{\mathrm{s}} - T_{\mathrm{a}}) + \varepsilon\beta(T_{\mathrm{s}}^4 - T_{\mathrm{a}}^4)\right]\frac{A_{\mathrm{surf}}}{V} + \frac{2kA_{\mathrm{cond}}}{V}\left(\frac{\Delta T}{\Delta x}\right)_{\mathrm{axial}} \tag{6.62}$$

式中,h' 为对流热传导系数;T_{s},T_{a} 分别为试样表面与周围环境温度;ε 为发射率;β 为波尔兹曼常数;k 为平行于纤维方向的热传导系数;A_{surf},A_{cond} 分别为测试区域表面积以及横向热传导面积;V 为测量区域的体积;$\Delta T/\Delta x$ 为纤维轴向的温度梯度。

根据不同界面的滑移情况(界面部分滑移和界面部分/完全滑移),令:

$$\frac{\mathrm{d}w}{\mathrm{d}t} = \frac{\mathrm{d}q}{\mathrm{d}t} \tag{6.63}$$

建立纤维摩擦滑移功与试样表面热量散失之间的能量平衡,就可以得到循环载荷下界面剪应力(图 6.44)。

(11) 测量迟滞回线面积

在循环载荷作用下,初始加载基体出现裂纹后,在随后的循环中,纤维相对基体在界面处滑移使得应力-应变曲线出现迟滞现象(图 6.45)。迟滞回线综合反映了复合材料内部的损伤状态,对迟滞回线的理解是模拟和预测陶瓷基复合材料疲劳损伤的关键。表 6.4 为试验测量迟滞回线应变能。

Solti 等[53]通过测量迟滞回线面积对界面剪应力进行了预测,假设脱粘区界面剪应力为常数,采用 Kuo 剪滞模型[54]来分析卸载与重新加载时纤维轴向应力分布,讨

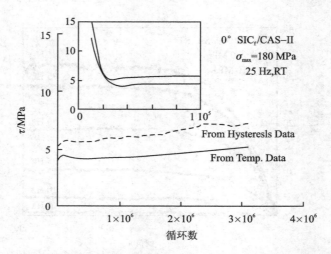

图 6.44　通过测量试样表面温度得到界面剪应力随循环变化曲线

论了界面部分脱粘（75%脱粘）和界面完全脱粘两种情况，对第 1,5,9,109 次循环下的界面剪应力进行了预测（图 6.46）。

表 6.4　试验测量迟滞回线应变能

Loading Cycle	Strain energy/(kJ · m^{-3})
1	22
5	55
9	80
109	30

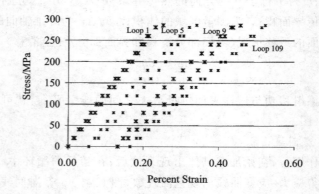

图 6.45　单向 SiC/CAS 疲劳迟滞回线

通过测量迟滞回线面积的方法能真实地反映复合材料内部纤维/基体界面剪应力，但预测的界面剪应力仍需要与纤维推入等单纤维试验进行对比，以验证其有效性。

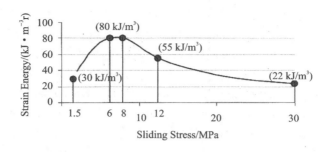

图 6.46　通过测量迟滞回线面积得到界面剪应力

6.7.4　纤维失效

基体裂纹达到饱和之后,界面脱粘区的屏蔽作用使得基体所承担载荷随应力增加不再变化,大多数载荷由纤维承担,随载荷增加,纤维逐渐失效。纤维的失效使得应力-应变曲线出现额外非线性,当应力达到失效强度时,此时纤维无法承担外部载荷,复合材料失效。超过失效应变时,纤维束继续损伤,纤维从基体中拔出,复合材料断裂表面出现纤维拔出现象。

相比对基体裂纹、界面脱粘的研究,对纤维损伤及复合材料失效的研究比较少。Thouless 和 Evans[55] 在 Oh – Finnie 模型[56] 基础上,采用链式模型对陶瓷基复合材料纤维失效进行了研究,讨论了纤维特征强度、纤维直径、纤维半径对纤维失效进而对稳态基体裂纹扩展的影响,但该模型忽略了纤维/基体界面脱粘对纤维失效的影响,仅适用于界面弱粘结情况。Cao 和 Thouless[57] 在 Thouless – Evans 模型[55] 基础上,采用 Weibull 统计模型描述纤维强度分布,分析了多基体裂纹下纤维失效对应力-应变曲线的影响,并预测了复合材料的失效强度。在上述两种模型中均未考虑失效纤维承担的载荷,Liao[58] 采用链式模型分析了基体裂纹饱和之后的纤维失效过程,假设脱粘区界面剪应力服从库仑摩擦法则,采用 Gao 和 Mai 圆柱模型[60] 得到了脱粘区、粘结区细观应力分布,假设纤维强度服从 Weibull 分布,失效纤维承担载荷,分别对纤维在基体裂纹平面、界面脱粘区、界面粘结区失效的三种情况进行了分析,得到了纤维失效体积百分数与应力之间的关系,当未失效纤维承担载荷小于失效纤维承担的载荷时,复合材料失效,讨论了纤维 Weibull 模数、界面剪应力对纤维失效的影响,并将预测失效强度与试验数据进行了对比,与试验结果相吻合。

Sutcu[60] 采用强度准则结合 Weibull 统计模型对纤维断裂及断裂位置进行了分析,确定了单基体开裂、多基体开裂下的纤维拔出长度和断裂功,通过分析未失效纤维、失效纤维在基体裂纹平面所能承担的最大载荷得到了复合材料最终拉伸强度,并对 Nicalon/LAS 单轴拉伸失效强度进行了预测,其预测的失效强度比试验值高 300 MPa。Schwietert 和 Steif[61-62] 假设纤维失效出现在基体裂纹饱和之后,将强度失效准则与 Weibull 统计模型结合,采用剪滞模型描述纤维轴向应力分布,分析了纤维出现多断裂时的失效概率,发现纤维的第二次断裂对复合材料失效强度影响很小,讨论了界面参数(界面剪应力和界面剪切强度)、纤维特征强度、纤维 Weibull 模量对纤维失效及复合材料失效强度的影响,但该模型并未与试验数据进行对比。

Curtin[63] 在单纤维碎断(single-fiber fragmentation)研究[64]的基础上,假设纤维断裂相互独立,采用总体载荷承担法(global load shearing)描述纤维断裂后应力分布,得到了多纤维复合材料中纤维拔出长度分布、纤维拔出功及复合材料失效强度,并与陶瓷基、金属基复合材料单轴拉伸失效强度进行了对比,发现当界面弱粘结时其预测结果与试验数据吻合较好。当界面粘结比较强时,失效纤维承担的载荷将由其附近纤维承担,而不再服从总体载荷承担法则[65-67]。Zhou 和 Curtin[68]、Ibnabdeljalil和 Curtin[69]、Beyerlein 和 Phoenix 等[70]采用局部载荷承担方法(local load shearing)对强界面粘结下纤维失效进行了研究。在 Curtin 的模型[63]中,定义了两个关键参数:纤维特征长度 δ_c 和特征强度 S_c,并且假设试样测试段长度 $L_g > \delta_c$。Hild 等[71]在 Curtin 模型[63]基础上,分析了试样测试段长度 $L_g < \delta_c$ 及 $L_g > \delta_c$ 两种情况,当 $L_g < \delta_c$ 时,复合材料失效强度与测试段长度相关;当 $L_g > \delta_c$ 时,复合材料的失效强度不受测试段长度的影响,其预测的失效强度要比 Curtin 模型[63]小。Xia 和 Curtin[72]分别对低、高纤维 Weibull 模量下纤维/基体界面剪应力增加对陶瓷基复合材料失效强度的影响,采用轴对称有限元模型对基体裂纹处纤维轴向应力进行了分析,采用总体载荷承担方法,分析了外应力、界面剪应力及纤维表面缺陷大小对纤维损伤及复合材料失效强度的影响。当纤维 Weibull 模数比较低时($m = 4$),预测的失效强度与Curtin 采用剪滞模型预测结果相同,失效强度随界面剪应力的增加而增加;当纤维Weibull 模数比较高时($m = 20$),失效强度随界面剪应力的增加而减小,纤维拔出长度减小,复合材料脆性失效,预测的复合材料的失效强度比 Curtin 剪滞模型得到的结果小。Xia 等[73]采用 GFM(Green's Function Method)方法[74]模拟纤维增强复合材料纤维损伤演化及拉伸失效强度,并与 Okabe 等人提出的 3D 剪滞模型方法(SLM)进行了对比,其预测结果与 SLM 方法吻合,证明了 GFM 方法的有效性,并将GFM 方法与有限元相结合,预测了金属基复合材料的拉伸失效强度及低周疲劳寿命[75-76]。

Solti 等[77]提出了临界纤维应变能准则,采用双参数 Weibull 分布描述纤维失效,但其 Weibull 参数由强度转变为纤维应变能,Weibull 模数通过拟和单轴拉伸应力-应变曲线得到,采用纤维应变能方法避免了制造过程中纤维损伤对预测纤维失效的影响。

Weitsman 和 Zhu[78-79]对单向陶瓷基复合材料单轴拉伸载荷下损伤及失效进行了全面的分析,采用能量平衡法描述基体开裂过程,采用 Weibull 统计方法描述纤维失效,但并未直接对陶瓷基复合材料的失效强度进行预测。Paar 等[80]分析了纤维属性对单向陶瓷基复合材料应力-应变曲线的影响,假设纤维失效出现在基体裂纹饱和之后,采用双参数 Weibull 分布描述纤维强度分布,失效纤维通过界面剪应力承担部分载荷,采用总体载荷承担法描述纤维断裂后的应力分布,结合链式模型对纤维失效位置、纤维失效体积百分数进行分析,当某一环中所有纤维均失效时,复合材料失效(最弱环统计模型),其预测的应力-应变曲线与试验基本吻合,但预测的失效强度偏高。Dutton 等[81]研究了纤维体积百分数对单向陶瓷基复合材料失效强度的影响,考虑了基体开裂造成的应力集中对纤维失效的影响,发现当纤维体积百分数比较低时,纤维在基体裂纹处断裂;当纤维体积百分数比较高时,纤维在界面脱粘尖端断裂。Curtin[64]采用总体载荷承担法由于忽略了纤维/基体界面脱粘尖端的应力集中,其预测的失效强度要比试验值高。Lamon[82]基于连续损伤力学方法提出了一种细观力学模型模拟陶瓷基复合材料拉伸应力-应变曲线,采用断裂统计方法描述基体开裂、纤维损伤过程,讨论了界面剪应力、纤维属性、基体属性及试样尺寸等因素对应力-应变曲线的影响,并与 3D - C/C、2D - SiC/SiC 试验数据进行了对比。Cheng 等[83]将蒙特卡罗与有限元方法相结合,模拟了单向陶瓷基复合材料损伤及失效过程,预测的基体开裂段应力-应变曲线与试验数据相吻合,但失效强度偏高。该模型采用的界面脱粘准则过于简单,未考虑界面参数对复合材料宏观应力-应变曲线的影响。

高温环境下,氧化、蠕变将对陶瓷基复合材料的力学性能产生很大的影响,Casas 等[84]提出了氧化-蠕变模型模拟高温环境下陶瓷基复合材料的力学行为,考虑了基体、界面的氧化、纤维蠕变以及纤维强度随时间衰退等因素的影响,假设载荷总体承担,采用双参数 Weibull 分布描述纤维强度分布,高温环境下,随时间的增加界面氧化、纤维强度衰退,导致纤维失效速率加快,当纤维失效体积百分数达到 15% 时,复合材料失效。将预测结果与高温 1 000 ℃、1 100 ℃ 编织 Nicalon/SiC 单轴拉伸试验进行了对比,预测的强度-时间曲线、应变-时间曲线与试验数据基本吻合。

纤维强度属性具有统计性,Thouless 和 Evans[55]采用链式模型来模拟陶瓷基复合材料中纤维断裂过程,假设基体开裂与纤维失效互不影响,纤维失效后不再承担载荷,其载荷由未失效载荷来承担。

定义两个纤维特征参数:

纤维特征长度 δ_c:

$$\delta_c^{m+1} = L_0 [S_0 r_f / \tau_i]^m \tag{6.64}$$

纤维特征强度 S_c:

$$S_c^{m+1} = S_0^m [L_0 \tau_i / r_f] \tag{6.65}$$

式中,m 为形状参数;S_0 为尺度参数;L_0 为参考长度。

假设纤维之间无相互影响,$2L$ 纤维长度分为 $2N$ 单元,每个单元长度为 δ_z,当应力达到 σ 时纤维失效概率为:

$$\delta_\phi(\sigma) = \frac{\delta_z}{L_0} \int_0^\sigma g(S) \mathrm{d}S \tag{6.66}$$

式中,$g(S)\mathrm{d}S/L_0$ 表示在 S 到 $S + \mathrm{d}S$ 之间单位长度纤维缺陷数。纤维局部应力 σ 是纤维位置 z 以及参考应力 T(基体裂纹平面纤维桥接载荷 T)的函数。

长度为 $2L$ 上所有纤维单元的存活概率 P_s 为：

$$P_s(T,L) = \prod_{n=-N}^{N} [1 - \delta\phi(T,z)] \tag{6.67}$$

式中，$z = n\delta_z$，$L = N\delta_z$。

当峰值应力达到 T 时，定义只有 z 处纤维单元失效的概率密度函数为 $\Phi_s(T,z)$，结合式(6.66)和式(6.67)得到：

$$\Phi_s(T,z)\delta T\delta_z = \frac{\prod_{-N}^{N}[1-\delta\phi(T,z)]}{1-\delta\phi(T,z)}\left[\frac{\partial\delta\phi(T,z)}{\partial T}\right]\mathrm{d}T \tag{6.68}$$

令

$$\int_0^a g(S)\mathrm{d}S = (\sigma/S_0)^m \tag{6.69}$$

结合式(6.68)和式(6.69)得到：

$$\Phi_s(T,z) = \exp\left\{-2\int_0^L\left[\frac{\sigma(T,z)}{S_0}\right]^m\frac{\mathrm{d}z}{L_0}\right\}\times\left(\frac{2}{L_0}\right)\frac{\partial}{\partial T}\left[\frac{\sigma(T,z)}{S_0}\right]^m \tag{6.70}$$

定义纤维滑移长度 l_c：

$$l_c = \frac{r_f T}{2\tau_i} \tag{6.71}$$

式中，T 为基体裂纹平面纤维承担载荷：

$$T = \frac{\sigma}{V_f(1-D)} \tag{6.72}$$

式中，D 为纤维失效体积百分数：

$$D = \int_0^\sigma 2\int_0^{l_c}\Phi(T,z)\,\mathrm{d}z\,\mathrm{d}T \tag{6.73}$$

Thouless 和 Evans[55]分析了单基体裂纹下纤维失效概率(图 6.47(a))：

$$D(d > l_c) = 1 - \exp\left[-\frac{rT^{m+1}}{(m+1)\tau_i S_0^m}\right] \tag{6.74}$$

临界纤维失效体积百分比 D^* 为：

$$D^* = 1 - \exp\left[-\frac{1}{m+1}\right] \tag{6.75}$$

复合材料失效强度 σ_{UTS} 为：

$$\sigma_{UTS} = V_f\left(\frac{\tau_i}{r}\right)^{1/m+1}(S_0)^{m/m+1}\exp\left[-\frac{1}{m+1}\right] \tag{6.76}$$

Cao 和 Thouless[57]分析了基体出现多裂纹时纤维失效概率(图 6.47(b))：

$$D(d < l_c) = 1 - \exp\left\{-\frac{r_f T^{m+1}}{(m+1)\tau_i S_0^m}\left[1-\left(1-\frac{\tau_i d}{r_f T}\right)^{m+1}\right]\right\} \tag{6.77}$$

此时临界纤维体积百分比 D^* 为：

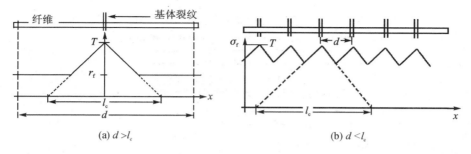

(a) $d > l_c$　　　　　　　　　(b) $d < l_c$

图 6.47　不同基体裂纹间隔下纤维轴向应力分布

$$D^* = 1 - \exp\left[-\frac{1}{m+1}\frac{1-\left(1-\frac{\tau_i d}{r_f T}\right)^{m+1}}{1-\left(1-\frac{\tau_i d}{r_f T}\right)^m}\right] \qquad (6.78)$$

复合材料的最终强度 σ_{UTS} 为：

$$\sigma_{\text{UTS}} = V_f \exp\left(-\frac{1}{m}\right)\left[\frac{S_0^m \tau_i(m+1)}{r_f}\right]^{\frac{1}{m+1}}\left\{\frac{r_f}{m(m+1)\tau_i}\left[\frac{S_0^m \tau_i(m+1)}{r_f}\right]^{\frac{1}{m+1}}\right\}^{\frac{1}{m}} \qquad (6.79)$$

Curtin[63] 对单纤维复合材料中纤维断裂过程进行了预测，纤维的断裂分布是纤维特征强度、界面剪应力等参数的函数。在对单纤维断裂研究的基础上，Curtin[64] 对陶瓷基复合材料中纤维失效进行了分析，假设纤维强度服从双参数 Weibull 分布：

$$\Phi(L,\sigma) = \frac{L}{L_0}(\sigma/\sigma_0)^m \qquad (6.80)$$

式中，σ_0 是在特征长度 L_0 范围内纤维失效强度，m 是纤维的 Weibull 模量。在 L 长度范围内纤维失效的概率为：

$$P_f(L,\sigma) = 1 - \exp\left[-\Phi(L,\sigma)\right] \qquad (6.81)$$

沿纤维轴向单轴加载时，复合材料的弹性模量为 $E_c = V_f E_f + (1-V_f)E_m$。当基体出现裂纹时，复合材料的弹性模量下降，定义初始基体开裂应力为 σ_{mc}。当应力达到 σ_{mc} 时，基体缺陷开始沿垂直纤维轴向扩展，裂纹扩展到纤维/基体界面时发生偏转，假设脱粘区界面摩擦剪应力为常数 τ_i。当基体出现裂纹后（图 6.48(a)），纤维在基体裂纹平面承担所有载荷，通过界面摩擦剪应力在 $l_m = r_f \sigma_{\text{mc}}^m/2\tau_i$ 滑移区范围内将载荷传递给基体，式中 σ_{mc}^m 为 $\sigma = \sigma_{\text{mc}}$ 时基体承担的载荷。在韧性陶瓷基复合材料中，纤维强度高于 σ_{mc}/V_f，在远离 $\pm l_m$ 范围内基体继续开裂（图 6.48(b)）。从图 6.48(b) 中可以看出，纤维承担的载荷远远高于基体：$\sigma_f = \sigma/V_f \gg \sigma_{\text{mc}}^m$。因此在 Curtin 的分析中忽略了基体承担的载荷（图 6.48(b)）。

假设纤维失效服从总体载荷承担法则，忽略了失效纤维附近造成的应力集中，假设未失效纤维承担的载荷为 T，Curtin 定义纤维未失效是在 $\pm l_f = r_f T/2\tau_i$ 范围内。

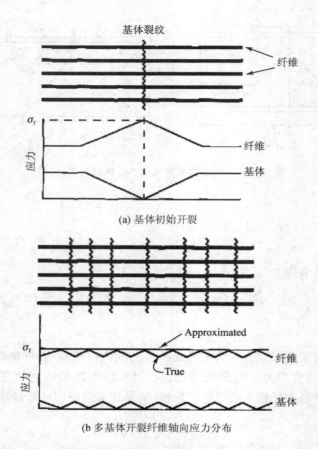

(a) 基体初始开裂

(b 多基体开裂纤维轴向应力分布

图 6.48　单基体开裂与多基体开裂情况下纤维轴向应力分布

如果纤维在 $\pm l_f$ 范围内纤维发生失效，则其承担的载荷为 $2\tau_i\langle L\rangle/r_f$，式中 $\langle L\rangle$ 为纤维平均拔出长度。定义基体裂纹平面处纤维轴向应力为 T，在 $\pm l_f$ 范围内纤维失效概率为 D，因此 T，D 和 $\langle L\rangle$ 满足下面关系：

$$\frac{\sigma}{V_f} = (1-D)T + \frac{2\tau_i}{r_f}\langle L\rangle D \tag{6.82}$$

假设纤维断裂长度在 $\pm l_f$ 范围内均匀分布，则纤维平均断裂长度为 $l_f/4$，失效纤维承担的载荷为：

$$\frac{2\tau_i}{r_f}\frac{l_f}{4} = \frac{T}{2} \tag{6.83}$$

将上式代入式(6.82)中得到：

$$\frac{\sigma}{V_f} = (1-D)T + D\frac{T}{2} = \left(1 - \frac{1}{2}D\right)T \tag{6.84}$$

假设复合材料失效时纤维失效百分数比较低，则在 $\pm l_f$ 范围内纤维失效体积百分数

D 为：

$$D = \Phi(2l_f, T) = \left(\frac{T}{\sigma_c}\right)^{m+1} \tag{6.85}$$

式中，σ_c 为 Curtin 定义的纤维特征强度。结合式(6.84)和式(6.85)得到纤维失效段应力-应变关系为：

$$\sigma = V_f E_f \varepsilon \left[1 - \frac{1}{2}\left(\frac{E_f \varepsilon}{\sigma_c}\right)^{m+1}\right] \tag{6.86}$$

将式(6.86)对应变求导得到复合材料失效强度为：

$$\sigma_{uts} = V_f \sigma_c \left(\frac{2}{m+2}\right)^{\frac{1}{m+1}} \left(\frac{m+1}{m+2}\right) \tag{6.87}$$

复合材料的失效应变为：

$$\varepsilon_f = \frac{\sigma_c}{E_f}\left(\frac{2}{m+2}\right)^{\frac{1}{m+1}} \tag{6.88}$$

Curtin 等[85]研究了单基体开裂、多基体开裂下纤维失效，分析了基体裂纹对纤维失效的影响(图 6.49)。首先研究了纤维在单基体裂纹下的失效情况，当基体初始开裂时，在基体裂纹平面纤维应力最大，由于纤维/基体界面滑移使得远离基体裂纹平面纤维应力逐渐减小，滑移区纤维轴向应力分布为：

$$\sigma_f(z) = T\left(1 - \frac{z}{l_f}\right) \quad z < z_0 \equiv \min\left(l_s, \frac{1}{2}L\right) \tag{6.89}$$

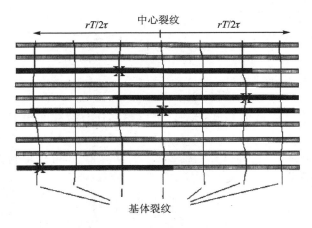

图 6.49　多基体裂纹下纤维失效后纤维滑移区示意图

式中，l_s 为界面滑移长度。根据式(6.89)得到基体裂纹平面处纤维轴向应力为 T，在 $z \in (0, z_0)$ 区域内纤维失效概率：

$$\Phi(z, T) = \frac{m}{L_0 \sigma_0}\left(\frac{T}{\sigma_0}\right)^{m-1}\left(1 - \frac{z}{l_s}\right)^{m-1} \times$$

$$\exp\left[-2\int_0^T \mathrm{d}\sigma \int_0^{z_0} \mathrm{d}z\,(m/L_0\sigma_0)\,(T/\sigma_0)^{m-1}(1-z/l_s)^{m-1}\right] \tag{6.90}$$

考虑 $D(z_0,T)$ 为纤维在 $z < z_0$、应力小于 T 范围内纤维失效的概率：

$$D(z_0,T)=1-\exp\{-[1-(1-z_0/l_f)^m](T/\sigma_c)^{m+1}/(m+1)\} \tag{6.91}$$

根据纤维轴向力学平衡得到：

$$\frac{\sigma}{V_f}=[1-D(z_0,T)]T+D(z_0,T)\sigma_{\text{pull}} \tag{6.92}$$

式中，σ_{pull} 为失效纤维承担的载荷。Curtin[85]认为单基体开裂形式下复合材料失效，其纤维失效数目较少，并靠近基体裂纹平面，忽略失效纤维承担载荷，$\sigma_{\text{pull}}=0$。将 $z_0=l_f$ 及式(6.91)代入式(6.92)中得到：

$$\frac{\sigma}{V_f}=T\exp\left[-\left(\frac{T}{\sigma_c}\right)^{m+1}\right]/(m+1) \tag{6.93}$$

将上式对 T 求导，得到复合材料失效强度为：

$$\sigma_{\text{uts}}=V_f\sigma_c\exp[1/(m+1)] \tag{6.94}$$

当基体出现多裂纹时，纤维在基体裂纹附近失效概率为 $D(z_0,T)$，在中心裂纹平面附近失效纤维体积百分数为 $D(z_0,T)(1+2l_s/L)$。此时失效纤维承担的载荷将不能忽略，假设失效纤维承担的载荷为 $T/2$，因此在中心裂纹平面根据纤维轴向应力平衡得到：

$$\frac{\sigma}{V_f}=\left[1-D(z_0,T)\left(1+\frac{2l_f}{L}\right)\right]T+D(z_0,T)\frac{2l_f}{L}\frac{T}{2} \tag{6.95}$$

将 l_f，σ_c，δ_c 代入上式中得到：

$$\frac{\sigma}{V_f}=\left[1-D(z_0,T)\left(1+\frac{1}{2}\frac{\delta_c}{L}\frac{T}{\sigma_c}\right)\right]T \tag{6.96}$$

式中，z_0 依赖于基体裂纹间隔，

$$z_0=l_s,L>2\delta;\qquad z_0=L/2,L<2l_s \tag{6.97}$$

结合式(6.96)、式(6.97)、式(6.91)可以得到任意裂纹间隔下纤维失效体积百分数。

当基体裂纹间隔比较小时（$z_0=L/2,L\ll l_f,L<2l_s$），可以得到应力 σ 与基体裂纹平面纤维承担载荷 T 之间关系为：

$$\frac{\sigma}{V_f}=T\left[1-\frac{1}{2}\frac{m}{m+1}\left(\frac{T}{\sigma_c}\right)^{m+1}\right] \tag{6.98}$$

将上式对 T 求导得到复合材料的失效强度和失效应变为：

$$\sigma_{\text{uts}}=V_f\sigma_c\left[\frac{2(m+1)}{m(m+2)}\right]^{1/(m+1)}\left(\frac{m+1}{m+2}\right) \tag{6.99}$$

$$\varepsilon_f=\frac{\sigma_c}{E_f}\left[\frac{2(m+1)}{m(m+2)}\right]^{1/(m+1)} \tag{6.100}$$

参考文献

[1] 杨乃宾,梁伟.飞机复合材料结构适航符合性证明概论.北京:航空工业出版社,2015.

[2] 冯振宇,邹田春.复合材料结构合格审定.北京:航空工业出版社,2012.

[3] 虞浩清,刘爱平.飞机复合材料结构修理.北京:中国民航出版社,2010.

[4] 鲁云,朱世杰,马鸣图,等.先进复合材料.北京:机械工业出版社,2003.

[5] 李云凯,周张健.陶瓷及其复合材料.北京:北京理工大学出版社,2007.

[6] Li Longbiao. Damage, Fracture and Fatigue of Ceramic-Matrix Composites. Springer Nature Singapore Pte Ltd. ,2018.

[7] Li Longbiao. Damage development and lifetime prediction of fiber-reinforced ceramic-matrix composites subjected to cyclic loading at 1300 ℃ in vacuum, inert and oxidative atmospheres. Aerospace Science and Technology,2019, 86: 613-629.

[8] Li Longbiao. A thermomechanical fatigue hysteresis-based damage evolution model for fiber-reinforced ceramic-matrix composites. International Journal of Damage Mechanics, 2019, 28(3):380-403.

[9] Li Longbiao. Micromechanics modeling of fatigue hysteresis behavior in carbon fiber-reinforced ceramic-matrix composites. Part I: Theoretical analysis. Composites Part B, 2019, 159: 502-513.

[10] Li Longbiao. Synergistic effects of fiber/matrix interface wear and fibers fracture on matrix multiple cracking in fiber-reinforced ceramic-matrix composites. Composite Interfaces, 2019, 26(3): 193-219.

[11] Li Longbiao. Modeling matrix multicracking development of fiber-reinforced ceramic-matrix composites considering fiber debonding. International Journal of Applied Ceramic Technology, 2019, 16:97-107.

[12] Li Longbiao. A hysteresis energy dissipation based model for multiple loading damage in continuous fiber-reinforced ceramic-matrix composites. Composites Part B, 2019, 162: 259-273.

[13] Li Longbiao. Modeling of multiple-step loading damage evolution in continuous fiber-reinforced ceramic-matrix composites at room and elevated temperatures. Journal of Aerospace Engineering, 2019, 32(1): 04018123.

[14] Li Longbiao. Synergistic effects of loading sequences and phase angles on

thermomechanical fatigue damage evolution of silicon carbide fiber-reinforced ceramic-matrix composites. Journal of Ceramic Science and Technology, 2018, 9(4): 435-464.

[15] Li Longbiao. Synergistic effects of hold time and cyclic loading on fatigue hysteresis loops of fiber-reinforced ceramic-matrix composites at elevated temperatures in oxidizing atmosphere. Engineering Fracture Mechanics, 2018, 199: 672-691.

[16] Li Longbiao. Effect of interface oxidation on matrix multi-cracking evolution of fiber-reinforced ceramic-matrix composites at elevated temperature. Journal of Ceramic Science and Technology, 2018, 9(4): 397-410.

[17] Li Longbiao. Damage development and lifetime prediction of fiber-reinforced ceramic-matrix composites subjected to dwell-fatigue loading at elevated temperatures in oxidizing atmosphere. Journal of Ceramic Society of Japan, 2018, 126(7): 516-528.

[18] Aveston J, Cooper G A, Kelly A. Single and Multiple Fracture, the Properties of Fiber Composites. National Physical Laboratory, Guildford, UK. IPC Science and Technology Press Ltd. ,1971:15-26.

[19] Aveston J, Kelly A. Theory of Multiple Fracture of Fibrous Composites. J. Mater. Sci. , 1973, 8 :352-362.

[20] Budiansky B, Hutchinson J W, Evans A G. Matrix Fracture in Fiber-Reinforced Ceramics. J. Mech. Phys. Solids, 1986, 34 :167-189.

[21] Kuo W S, Chou T W. Multiple Cracking of Unidirectional and Cross-Ply Ceramic Matrix Composites. J. Amer. Ceram. Soc. , 1995, 78 (3):745-755.

[22] Karandikar P, Chou T W. Characterization and Modeling of Microcracking and Elastic Moduli Changes in Nicalon-CAS Composites. Composites Science and Technology, 1993, 46: 1-11.

[23] Sutcu M, Hillig W B. The effect of fiber-matrix debonded energy on the matrix cracking strength and the debonded shear strength. Acta Metallurgica et Materialia, 1990, 38:2653-2662.

[24] Chiang Y C. On fiber debonding and matrix cracking in fiber-reinforced ceramics. Composites Science and Technology, 2001, 61:1743-1756.

[25] Chiang Y C. On a matrix cracking model using Coulomb's friction law. Eng. Fract. Mech. , 2007, 74(10):1602-1616.

[26] Gao Y, Mai Y, Cotterell B. Fracture of fiber-reinforced materials. J. Applied Mathematics and Physics (ZAMP),1988,39(7):550-72.

[27] Marshall D B, Cox B N, Evans A G. The Mechanics of Matrix Crack-ing in

Brittle-Matrix Fiber Composites. Acta Metall. Mater. , 1985, 33:2013-2021.

[28] Marshall D B, Cox B N. Tensile Fracture of Brittle Matrix Composites: Influence of Fiber Strength. Acta Metall. ,1987, 35:2607-19.

[29] McCartney L N. Mechanics of Matrix Cracking in Brittle-Matrix Fiber-Reinforced Composites. Proc. Roy. Soc. London, A-409, 1987 :329-350.

[30] Chiang Y C, Wang A S D. , Chou T W. On Matrix Cracking in Fiber Reinforced Ceramics. J. Mech. Phys. Solids, 1993, 41 (7):1137-1154.

[31] Chiang Y C. Tensile failure in fiber reinforced ceramic matrix composites. Journal of Material Science,2000, 35: 5449-5455.

[32] Danchaivijit S D, Shetty D K. Matrix Cracking in Ceramic Matrix Composites. J. Am. Ceram. Soc. , 1993, 76(10): 2497-504.

[33] Thouless M D, Evans A. G. Effects of Pull-Out on the Mechanical Properties of Ceramic-Matrix-Composites. Acta Metall,1988, 36(3): 517-522.

[34] Cao H C, Bischoff E, Sbaizero O,et al. Effect of Interfaces on the Mechanical Performance of Fiber-Reinforced Brittle Materials. J. Am. Cerum. Soc. , 1990, 73:1691-1699.

[35] Kumaria S, Kumar S, Singh R N. The first matrix cracking behavior of fiber reinforced ceramic matrix composites. Acta mater,1997, 45: 5177-5185.

[36] Anandakumar U, Kumar S, Singh R N. First matrix cracking behavior of ceramic composites at elevated temperatures. Acta mater, 1999, 47 (12): 3339-3352.

[37] Pagano N J, Kim R Y,Crack initation in unidirectional brittle-matrix composites. Journal of the American Ceramic Society, 1991,74(5):1082-1090.

[38] Dutton R E, Pagano N J, Kim R Y. Crack initiation in borosilicate glass-SiC fiber composites. Journal of the American Ceramic Society, 1996, 79: 865-872.

[39] Barsoum M W, Kangutkar P, Wang A S D. Matrix crack initiation in ceramic matrix composites part I: experiments and test Results. Composites Science and Technology, 1992, 44:257-269.

[40] Wang A S D, Huang X G, Barsoum M W. Matrix crack initiation in ceramic matrix composites part II :models and simulation results. Composites Science and Technology, 1992, 44 :271-282.

[41] Lee J W, Daniel I M. Deformation and Failure of Longitudinally Loaded Brittle-Matrix Composites. Proceedings of the Tenth Symposium on Composite Materials: Testing and Design, 1992: 204-221.

[42] Zok F W, Spearing S M. Matrix Crack Spacing in Brittle Matrix Composites.

Acta Metall. Mater. , 1992, 40 (8):2033-2043.

[43] Weitsman Y, Zhu H. Multi-Fracture of Ceramic Composites. J. Mech. Phys. Solids, 1993, 41 (2):351-388.

[44] Solti J P, Mall S, Robertson D. D. Modeling of Matrix Failure in Ceramic Matrix Composites. Journal of Composites Technology and Research, 1997, 19(1):29-40.

[45] Curtin W A. Exact Theory of Fiber Fragmentation in A Single Filament composite. Journal of Material Science, 1991, 26(19):5239-53.

[46] Curtin W A. Multiple Matrix Cracking in Brittle Matrix Composites. Acta Metall. Mater. , 1993, 41 (5):1369-1377.

[47] Sun Y J, Singh R N. A technique for the determination of interfacial properties from debond length measurement. Journal of Materials Science, 2000, 35:5681-5690.

[48] Hutchison J W, Jensen H M. Models of Fiber Debonding and Pullout in Brittle Composites with Friction. Mech. Mater. , 1990, 9: 139-163.

[49] Curtin W A. Theory of Mechanical Properties of Ceramic-Matrix Composites. J. Am. Ceram. Soc. , 1991, 74 (11):2837-2845.

[50] Holmes J W, Shuler S F. Temperature rise during fatigue of fiber-reinforced ceramics. Journal of materials science letters, 1990, 9:1290-1291.

[51] Holmes J W, Cho C. Frictional heating in a fiber reinforced ceramic composites. J. Mater. Sci. Lett. , 1992, 11:41-44.

[52] Solti J P, Robertson D D, Mall S. Estimation of interfacial properties from hysteretic energy loss in unidirectional ceramic matrix composites. Adv. Compos. Mater. , 2000, 9(3):161-173.

[53] Kuo W S. Damage of multi-directionally reinforced ceramic matrix composites. PhD thesis, Department of Mechanical Engineering, University of Delaware, 1992.

[54] Thouless M D, Evans A G, Effects of pull-out on the mechanical properties of ceramic matrix composites. Acta Metall. , 1988, 36:517-522.

[55] Oh H L, Finnie I. On the location of fracture in brittle solids-I: due to static loading. Int J. Frac. Mechs. ,1970, 6:287.

[56] Cao H, Thouless M D. Tensile tests of ceramic-matrix composites: theory and experiment. J. Am. Ceram. Soc. ,1990, 73(7):2091-2094.

[57] Liao K. Tensile and uniaxia/multiaxial fatigue behavior of ceramic matrix composites at ambient and elevated temperatures. Virginia Polytechnic Institute and State University, 1994.

[58] Gao Y C, Mai, Y W, Cotterell B. Fracture of fiber-reinforced materials. Journal of applied mathematics and physics, 1988, 39:550-572.

[59] Sutcu M. Weibull statistics applied to fiber failure in ceramic composites and work of fracture. Acta Metallurgica, 1989, 37(2):651-661.

[60] Schwietert H R, Steif P S. A theory for the ultimate strength of a brittle-matrix composites. Journal of the mechanics and physics of solids,1990, 38(3): 325-343.

[61] Steif P S, Schwietert H. R. Ultimate strength of ceramic-matrix composites. Ceram. Eng. Sci. Proc. , 1990, 11(9-10):1557-1576.

[62] Curtin W A. Exact Theory of Fibre Fragmentation in a Single-Filament Composite. J. Mater. Sci. , 1991. 26:5239-5253.

[63] Curtin W A. Theory of Mechanical Properties of Ceramic-Matrix Composites. J. Am. Ceram. Soc. , 1991, 74 (11):2837-2845.

[64] Curtin W A. Ultimate strengths of fiber-reinforced ceramics and metals. Composites, 1993, 24:98-102.

[65] He M Y, Evans A G, Curtin W A. The ultimate tensile strength of metal and ceramic-matrix composites. Acta Metallurigica et Materialia, 1993, 41(3): 871-878.

[66] McNulty J C, Zok F W. Application of weakest-link fracture statistics to fiber-reinforced ceramic-matrix composites. J. Am. Ceram. Soc. , 1997, 80 (6):1535-1543.

[67] Zhou S J, Curtin W A. Failure of fiber composites: A lattice Green function model. Acta Met. Mater. , 1995, 43:3093-3104.

[68] Ibnabdeljalil M, Curtin W A. Strength and reliability of fiber reinforced composites: localized load-sharing and associated size effects. Int. J. Sol. Str. , 1997,34:2649-2668.

[69] Beyerlein I J, Phoenix S L. Stress concentrations around multiple fiber breaks in an elastic matrix with local yielding or de-bonding using quadratic influence superposition. Int. J. Sol. Struct. , 1996, 44:1997-2039.

[70] Hild Francois, Domergue J M, Leckie F A,et al. Tensile and flexural ultimate strength of fiber-reinforced ceramic-matrix composites. Int. J. Solids Structures, 1994, 31(7):1035-1045.

[71] Xia Z, Curtin W A. Toughness-to britttle transitions in ceramic-matrix composites with increasing interfacial shear stress. Acta Mater, 2000, 48: 4879-4892.

[72] Xia Z, Curtin W A, Okabe T. Green's function vs shear-lag models of dam-

age and failure in fiber composites. Composites Science and Technology, 2002, 62:1279-1288.

[73] Okabe T, Takeda N, Kamoshida Y, et al. A 3D shear-lag model considering micro-damage and statistical strength prediction of unidirectional fiber-reinforced composites. Composites Science and Technology, 2001, 61 (12): 1773-87.

[74] Xia Z, Curtin W A, Peters P W M. Multiscale modeling of failure in metal matrix composites. Acta Mater, 2001, 49:273-287.

[75] Xia Z, Curtin W A. Life prediction of titanium MMCs under low cycle fatigue. Acta Mater, 2001, 49:1633-1646.

[76] Solti J P, Mall S, Robertson D D. Modeling damage in unidirectional ceramic-matrix composites. Composites science and technology, 1995, 54:55-66.

[77] Weitsman Y, Zhu H. Multi-fracture of ceramic composites. Oak Ridge National Laboratory Contract Report ORNL-6703 March 1992.

[78] Weitsman Y, Zhu H. Multi-Fracture of Ceramic Composites. J. Mech. Phys. Solids, 1993, 41(2):351-388.

[79] Paar R, Valles J L, Danzer R. Influence of fiber properties on the mechanical behavior of unidirectional-reinforced ceramic matrix composites. Materials Science and Engineering A, 1998, 250:209-216.

[80] Dutton R E, Pagano N J, Kim R Y, et al. Modeling the Ultimate Tensile Strength of Unidirectional Glass-Matrix Composites. J. Am. Ceram. Soc, 2000, 83(1):166-174.

[81] Lamon J. A micromechanics-based approach to the mechanical behavior of brittle-matrix composites. Composites Science and Technology, 2001, 61: 2259-2272.

[82] Cheng T, Qiao R, Xia Y. A Monte Carlo simulation of damage and failure process with crack saturation for unidirectional fiber reinforced ceramic composites. Composites Science and Technology ,2004, 64: 2251-2260.

[83] Casas L, Martinez-Esnaola J M. Modeling the effect of oxidation on the creep behavior of fiber-reinforced ceramic matrix composite. Acta Materialia, 2003, 51:3745-3757.

[84] Curtin W A, Ahn B K, Takeda N T. Modeling brittle and tough stress-strain behavior in unidirectional ceramic matrix composites. Acta Mater, 1998, 46 (10):3409-3420.